Werner Wirth, Günther Wirth

durch die Mathematik an der Realschule

Band 2: Algebra Klassen 8 – 10

- Grundwissen
- Formeln
- Rechenregeln
- Merksätze
- Musteraufgaben

Baumann
Didaktische Medien

Konzeption: Werner Wirth, Seminarrektor a. D.
Autoren: Werner Wirth, Günther Wirth

1. Auflage 2006

Baumann Didaktische Medien GmbH & Co. KG
E.-C.-Baumann-Straße 5
95326 Kulmbach

Druck: Creo Druck & Medienservice GmbH, Bamberg

Der „Leitfaden" durch den Mathematikunterricht an der Realschule besteht aus drei Bänden.

Band 1 (Algebra Klassen 5 – 7)

Grundrechenarten – Rechnen mit Größen – Rechnen in den Mengen $\mathbb{N}$, $\mathbb{N}_0$, $\mathbb{Z}$, $\mathbb{Q}$ – Rechnen mit Termen – Sachaufgaben – Prozent- und Zinsrechnung – Lineare Gleichungen und Ungleichungen – Potenzen

Band 2 (Algebra Klasse 8 – 10)

Binomische Grundformeln – Bruchterme – Verknüpfung von linearen Gleichungen – Bruchgleichungen – Quadratische Gleichungen – Wurzelgleichungen – Exponentialgleichungen – Logarithmusgleichungen – Rechnen in der Menge $\mathbb{R}$ – Funktionen – Wachstums- und Zerfallsprozesse – Statistik und Wahrscheinlichkeitsrechnung

Band 3 (Geometrie Klassen 5 – 10)

Grundlagen der Geometrie – Vektoren – Geometrische Ortslinien – Berechnungen an Flächen und Körpern (auch in Abhängigkeit von Variablen) – Konstruktionen – Zentrische Streckung – Vierstreckensatz – Flächensätze am rechtwinkligen Dreieck – Trigonometrie – Abbildungen im Koordinatensystem

Band 2

Vorwort

Liebe Schülerin, lieber Schüler,

der dreibändige „Leitfaden" durch die Mathematik soll dich von der 5. bis zur 10. Klasse begleiten.

Du findest darin alle wichtigen Begriffe, Regeln, Formeln und Merksätze. Entscheidend ist nicht die Kenntnis einer Formel (die kann man in jeder Formelsammlung nachschauen), sondern ihre richtige Anwendung beim Lösen einer Aufgabe.

Deshalb sind Musteraufgaben und Anwendungsbeispiele zu fast allen Lerninhalten vorgerechnet. Sie dienen der Veranschaulichung und sind ohne Schwierigkeiten auf weitere ähnliche Aufgabentypen übertragbar.

Eine Markierung am äußeren Seitenrand kennzeichnet diese Musteraufgaben deutlich.

Das Buch erfüllt also mehrere Aufgaben: Es ist gleichzeitig

– Formelsammlung

– Aufgabensammlung

– Nachschlagewerk

– Lernhilfe

– Ideale Ergänzung zum Mathematikunterricht

– Unterstützung bei der Hausaufgabenanfertigung

Wenn du nach einem bestimmten Begriff suchst, so führt dich das Stichwortverzeichnis (auf den letzten Seiten des Buches) auf die richtige Seite, wo du alle nötigen Informationen findest.

Verlag und Autoren wünschen dir viel Spaß beim Rechnen und viel Erfolg bei allen bevorstehenden Prüfungen.

Der Herausgeber
Werner Wirth

Inhaltsverzeichnis

Die binomischen Formeln und ihre Anwendung
Die binomischen Grundformeln 10
Extremwertbestimmung 11
Faktorisieren quadratischer Terme 13

Lineare Gleichungen und Ungleichungen
(Verknüpfung von Aussageformen)
Intervalle 16
Verknüpfung von Aussageformen 16
Produktgleichungen 19
Produktungleichungen 19
Spezielle quadratische Gleichungen (Ungleichungen), die sich
auf lineare Gleichungen (Ungleichungen) zurückführen lassen 20

Bruchterme
Definition 24
Definitionsmenge $\mathbb{D}$ 24
Kürzen und Erweitern 25
Addition und Subtraktion 26
Multiplikation und Division 26

Bruchgleichungen und Bruchungleichungen
Bruchgleichungen 30
Verhältnisgleichungen (Proportionen) 31
Bruchungleichungen 33

Relationen und Funktionen
Paar- oder Produktmenge 36
Relation 37
Funktion 40
Umkehrrelation und Umkehrfunktion 41

Die lineare Funktion
(Funktion der direkten Proportionalität)
Direkte Proportionalität 46
Allgemeine Form und Normalform 46
Steigung einer Geraden 46
Zeichnen von Geraden 47
Punkt-Steigungs-Form und Zwei-Punkte-Form 51

Besondere Geraden ... 53
Parallele und senkrechte (orthogonale) Geraden ... 53
Berechnung des Schnittpunktes S (s/0) und T (0/t) mit den Achsen ... 55
Achsenabschnittsform der Geraden ... 55
Bestimmung einer Geradengleichung durch zwei gegebene Punkte ... 56
Geradenbüschel und Geradenschar ... 58
Abbildung von Geraden ... 59
Bestimmung des Schnittpunktes von zwei Geraden ... 61

Funktionen der indirekten Proportionalität
Indirekte Proportionalität ... 64
Die Funktion $y = \frac{k}{x}$ mit $x \neq 0$ und $k \in \mathbb{Q} \setminus \{0\}$ ... 64

Lineare Gleichungssysteme und Ungleichungssysteme mit zwei Variablen
Determinanten ... 68
Lineare Gleichungssysteme mit zwei Variablen ... 69
Lineare Ungleichungssysteme mit zwei Variablen ... 76
Lineares Optimieren ... 79

Die Menge der reellen Zahlen $\mathbb{R}$
Rationale Zahlen und irrationale Zahlen ... 82
Quadratwurzeln ... 82
Wurzeln n-ten Grades ... 84
Näherungsweises Berechnen von Quadratwurzeln ... 84
Rechengesetze für Wurzeln ... 85
Termumformungen mit Quadratwurzeln ... 87
Wurzeln und Potenzen ... 89

Die quadratische Funktion
Normalparabel und allgemeine Parabel ... 92
Berechnung der Scheitelkoordinaten ... 93
Zeichnen einer allgemeinen Parabel ohne Wertetabelle ... 95
Allgemeine Form und Scheitelform ... 97
Definitions- und Wertemenge; Symmetrie ... 97
Aufstellen von Parabelgleichungen ... 98
Schnittpunkte von Parabel und Gerade ... 101
Schnittpunkte von Parabel und Parabel ... 105
Abbildung von Parabeln ... 106

Quadratische Gleichungen und Ungleichungen; Wurzelgleichungen
Quadratische Gleichungen 112
Quadratische Ungleichungen 116
Wurzelgleichungen 118

Potenzfunktionen
Die Potenzfunktion $y = x^n$ mit $n \in \mathbb{N} \setminus \{1\}$ 122
Die Potenzfunktion $y = x^{-n}$ mit $n \in \mathbb{N}$ .124
Die Potenzfunktionen $y = x^{\frac{m}{n}}$ und $y = x^{-\frac{m}{n}}$ mit $m, n \in \mathbb{N}, m \neq n$ 126

Logarithmen
Begriffe, Grundlagen 130
Rechengesetze 132
Dekadische Logarithmen (Zehnerlogarithmen) 133
Basisumrechnung 133

Exponentialgleichungen und Logarithmusgleichungen
Exponentialgleichungen 136
Logarithmusgleichungen 139

Exponentialfunktion und Logarithmusfunktion
Die Exponentialfunktion $y = a^x$ mit $a \in \mathbb{R}^+ \setminus \{1\}$ 143
Die Logarithmusfunktion $y = \log_a x$ mit $a \in \mathbb{R}^+ \setminus \{1\}$ 144

Wachstums- und Zerfallsprozesse
Stetiges Wachstum – stetiger Zerfall 148
Wachstumsprozesse 148
Zerfalls- bzw. Abklingprozesse 150

Funktionen und ihre Umkehrfunktionen
Funktion $f \rightarrow$ Umkehrfunktion f^{-1} 154
Die wichtigsten Funktionen und ihre Umkehrfunktionen 154

Statistik und Wahrscheinlichkeitsrechnung
Grundbegriffe 156
Mittelwerte 156
Spannweite (Streubreite) und mittlere lineare Abweichung 157
Zentralwert 158
Häufigkeit 159
Wahrscheinlichkeitsrechnung 160

Die binomischen Formeln und ihre Anwendung

Die binomischen Grundformeln

Ein zweigliedriger Summenterm heißt Binom.
Beim Quadrieren von zweigliedrigen Summen- bzw. Differenztermen entstehen besondere dreigliedrige Summen (1. und 2. Binom).
Beim Ausmultiplizieren von zwei besonderen Summen- und Differenztermen entsteht die Differenz von zwei Quadraten (3. Binom).

Die binomischen Grundformeln

1. binomische Formel $(a + b)^2 = a^2 + 2 \cdot a \cdot b + b^2$

Das Quadrat einer Summe ist das Quadrat der ersten Zahl a **plus** dem doppelten Produkt der beiden Zahlen a und b plus dem Quadrat der zweiten Zahl b.

Beispiel: $(2x + 6y)^2 = (2x)^2 + 2 \cdot 2x \cdot 6y + (6y)^2$
$ = 4x^2 + 24xy + 36y^2$

2. binomische Formel $(a - b)^2 = a^2 - 2 \cdot a \cdot b + b^2$

Das Quadrat einer Differenz ist das Quadrat der ersten Zahl a **minus** dem doppelten Produkt der beiden Zahlen a und b plus dem Quadrat der zweiten Zahl b.

Beispiel: $(4m - 5n)^2 = (4m)^2 - 2 \cdot 4m \cdot 5n + (5n)^2$
$ = 16m^2 - 40mn + 25n^2$

3. binomische Formel $(a + b) \cdot (a - b) = a^2 - b^2$

Das Produkt aus der Summe und der Differenz zweier Zahlen a und b ist das Quadrat der ersten Zahl a minus dem Quadrat der zweiten Zahl b.

Beispiele:
1. $(\frac{1}{3}e + 7f) \cdot (\frac{1}{3}e - 7f) = (\frac{1}{3}e)^2 - (7f)^2$
   $\phantom{(\frac{1}{3}e + 7f) \cdot (\frac{1}{3}e - 7f)} = \frac{1}{9}e^2 - 49f^2$

2. $ (0{,}4x - 8y)(8y + 0{,}4x)$
   $= (0{,}4x - 8y)(0{,}4x + 8y)$
   $= 0{,}16x^2 - 64y^2$

   VORSICHT!
   Hier müssen zuerst die Glieder in der Klammer mit dem Pluszeichen umgestellt werden, damit die Terme in den Klammern in der gleichen Reihenfolge angeordnet sind.

3. $\left(\frac{3}{2}x - \frac{1}{2}y\right)^2 - \left(\frac{3}{2}x + \frac{1}{4}y\right)^2 - \left(\frac{1}{2}x - \frac{1}{4}y\right)\left(\frac{1}{2}x + \frac{1}{4}y\right)$

$= \frac{9}{4}x^2 - \frac{3}{2}xy + \frac{1}{4}y^2 - \left(\frac{9}{4}x^2 + \frac{3}{4}xy + \frac{1}{16}x^2\right) - \left(\frac{1}{4}x^2 - \frac{1}{16}y^2\right)$

$= \frac{9}{4}x^2 - \frac{3}{2}xy + \frac{1}{4}y^2 - \frac{9}{4}x^2 - \frac{3}{4}xy - \frac{1}{16} - \frac{1}{4}x^2 + \frac{1}{16}y^2$

$= -\frac{1}{4}x^2 + \frac{1}{4}y^2 - \frac{9}{4}xy$

VORSICHT!
Wenn vor einem Binom ein Minuszeichen steht muss das ausgerechnete Binom nochmals in eine Klammer gesetzt werden.

Wie wird gerechnet, wenn in der Binomklammer zwei Minuszeichen stehen?

$(-a - b)^2 = [-(a + b)]^2$
$ = (-1)^2 (a + b)^2$
$ = 1 \cdot (a + b)^2$

$\boxed{(-a - b)^2 = (a + b)^2}$

> Stehen in der Klammer **zwei** Minuszeichen, wird nach der Regel des 1. Binoms gerechnet.

Beispiel:

$(-3x - \frac{3}{5}y)^2 = 9x^2 + \frac{18}{5}xy + \frac{9}{25}y^2$

Extremwertbestimmung

Quadratische Terme nehmen für eine bestimmte Belegung der Variablen einen größten bzw. kleinsten Wert an, den sogenannten Extremwert.
Diesen Wert bestimmt man mithilfe der quadratischen Ergänzung.

Beispiel:

Diese Rechenschritte wiederholen sich bei jeder Extremwertbestimmung

$T(x) = -3x^2 + 12x - 21$ Stets zuerst Faktor bei x^2 ausklammern. Richtiges Ausklammern durch Probe überprüfen!

$ = -3[x^2 - 4x + 7]$

$ = -3[x^2 $$ 4x + 2^2 - 2^2 + 7]$ Quadratische Ergänzung! Dieses Zeichen wird übernommen!

$ = -3[(x$$2)^2 + 3]$ Binom anwenden und die beiden letzten Zahlen zusammenfassen!

$ = -3(x\boxed{-2})^2\boxed{-9}$ Eckige Klammer wieder auflösen!

$T_{max} = -9 \quad$ für $x = 2$

11

Der hintere Wert ist stets der Extremwert (steht vor dem x^2 eine negative Zahl, ist es ein Maximum, steht vor dem x^2 eine positive Zahl, ist es ein Minimum).
Der Wert in der Klammer (mit dem entgegengesetzten Zeichen) ist der zugehörige x-Wert.

Rechnerische Herleitung des Maximums

Der Ergebnisterm wird zerlegt und „schrittweise" wieder aufgebaut:

$$T(x) = \boxed{\boxed{-3 \cdot \boxed{(x-2)^2}} - 9}$$

Rechenschritte ⟶ ① ② ③

① Eine Quadratzahl ist stets ≥ 0. ⟶ $(x-2)^2 \geq 0 \mid \cdot (-3)$

② Eine positive Zahl multipliziert mit einer negativen Zahl ist stets ≤ 0. ⟶ $-3 \cdot (x-2)^2 \leq 0$

③ Auf beiden Seiten 9 subtrahieren. ⟶ $\underbrace{-3 \cdot (x-2)^2 - 9} \leq -9$

Auf der linken Seite steht jetzt der Term (x). ⟶ $T(x) \leq -9$

Wenn ein Term kleiner oder gleich einer Zahl ist, dann stellt diese Zahl den größten Wert des Terms dar. ⟶ $T_{max} = -9$

Steht beim x^2 der Faktor 1, entfällt das Ausklammern.
$T(x) = x^2 + 5x + 12$
$ = x^2 \boxed{+} 5x + 2{,}5^2 - 2{,}5^2 + 12$

Zeichen wird übernommen!

$ = (x \boxed{+ 2{,}5})^2 \boxed{+ 5{,}75}$

$T_{min} = 5{,}75$ für $x = -2{,}5$

Rechnerische Herleitung des Minimums

Beim Minimum entfällt der Rechenschritt ② der vorhergehenden Aufgabe.

$T(x) = (x + 2{,}5)^2 + 5{,}75$

$(x + 2{,}5)^2 \geqq 0 \qquad | + 5{,}75$

$(x + 2{,}5)^2 + 5{,}75 \geqq 5{,}75$

$\underbrace{\phantom{(x + 2{,}5)^2 + 5{,}75}}$

$T(x) \geqq 5{,}75$

$T_{min} = 5{,}75 \leftarrow$

Wenn ein Term größer oder gleich einer Zahl ist, dann stellt diese Zahl den kleinsten Wert des Terms dar.

Faktorisieren quadratischer Terme

Quadratischer Term $\longrightarrow$ **Linearfaktoren**

1. Möglichkeit: **Ausklammern**

    $\underset{\text{quadrat. Term}}{x^2 - 3x} = \underset{\text{Linearfaktoren}}{x \cdot (x - 3)}$

2. Möglichkeit: **Anwendung einer binomischen Formel**

    a) $\underset{\text{quadrat. Term}}{x^2 + 8x + 16} = \underset{\text{Linearfaktoren}}{(x + 4)^2}$ \qquad 1. Binom

    b) $4x^2 - 121 = (2x + 11)(2x - 11)$ \qquad 3. Binom

3. Möglichkeit: **Quadratische Ergänzung**

    $x^2 + 5x - 24 \leftarrow$ Ausklammern und Anwendung eines Binoms sind nicht möglich!

    *) siehe unten

    $= x^2 \boxed{+} 5x \boxed{+ \left(\frac{5}{2}\right)^2 - \left(\frac{5}{2}\right)^2} - 24$ \qquad Quadratische Ergänzung Zeichen übernehmen

    $= (x \boxed{+} \frac{5}{2})^2 - \frac{25}{4} - \frac{96}{4}$ \qquad Anwendungen des 1. Binoms

    $= (x + \frac{5}{2})^2 - \frac{121}{4}$ \qquad Zusammenfassen

    $= (x + \frac{5}{2})^2 - \left(\frac{11}{2}\right)^2$ \qquad den hinteren Term als Quadratzahl schreiben

    $= (x + \frac{5}{2} + \frac{11}{2})(x + \frac{5}{2} - \frac{11}{2})$ \qquad Anwendung des 3. Binoms

    $= (x + 8) \cdot (x - 3)$ \qquad Zusammenfassen

*) $\boxed{+ \left(\frac{5}{2}\right)^2 - \left(\frac{5}{2}\right)^2}$ \qquad Bei der quadratischen Ergänzung wird das Quadrat des halben Koeffizienten beim x addiert und sofort wieder subtrahiert.

Bei der quadratischen Ergänzung muss der quadratische Term in der Normalform stehen (der Koeffizient bei x^2 muss 1 sein!)

Beispiele:

1. $\quad -2x^2 + 8x + 90$
   $= -2[x^2 - 4x - 45]$ Ausklammern

   TIPP: Unbedingt überprüfen, ob man durch Ausmultiplizieren wieder den Ausgangsterm erhält!

   $= -2[x^2 - 4x + 2^2 - 2^2 - 45]$ Quadratische Ergänzung
   $= -2[(x - 2)^2 - 49]$ Anwendung des 2. Binoms und zusammenfassen
   $= -2[(x - 2)^2 - 7^2]$ Den hinteren Term als Quadratzahl schreiben
   $= -2(x - 2 + 7)(x - 2 - 7)$ Anwendung des 3. Binoms
   Die eckige Klammer kann entfallen
   $= -2(x + 5)(x - 9)$ Zusammenfassen

Nicht alle quadratischen Terme lassen sich in Linearfaktoren zerlegen.

1. $\quad x^2 + 12x + 45$
   $= x^2 + 12x + 6^2 - 6^2 + 45$
   $= (x + 6)^2 + 9$
   nicht weiter zerlegbar, da $\oplus 9$, denn 3. Binom: $a^2 \ominus b^2$

2. $\quad \frac{1}{2}x^2 - 3x - 5$
   $= \frac{1}{2}[x^2 - 6x - 10]$
   $= \frac{1}{2}[x^2 - 6x + 3^2 - 3^2 - 10]$
   $= \frac{1}{2}[(x - 3)^2 - 19]$
   $= \frac{1}{2}(x - 3)^2 - 9,5$
   nicht weiter zerlegbar, weil 9,5 keine Quadratzahl ist.

Merke dir:

Man kann nur dann in Linearfaktoren zerlegen, wenn hinter der Binomklammer eine **Quadratzahl mit einem Minuszeichen** steht.

Lineare Gleichungen und Ungleichungen
(Verknüpfung von Aussageformen)

Intervalle

In der Mathematik versteht man unter einem Intervall den Bereich zwischen zwei Zahlen. Intervalle werden mit eckigen Klammern geschrieben. Es gibt vier verschiedene Möglichkeiten:

Intervall	[a; b] abgeschlossenes Intervall von a bis b	[a; b[rechts offenes Intervall von a bis b	]a; b] links offenes Intervall von a bis b	]a; b[offenes Intervall von a bis b
Randwerte	$a \in [a; b]$ $b \in [a; b]$	$a \in [a; b[$ $b \notin [a; b[$	$a \notin]a; b]$ $b \in]a; b]$	$a \notin]a; b[$ $b \notin]a; b[$
Darstellung am Zahlenstrahl	[———] a b	[———[a b	]———] a b	]———[a b
Beschreibende Form	$\{x \mid a \leq x \leq b\}$	$\{x \mid a \leq x < b\}$	$\{x \mid a < x \leq b\}$	$\{x \mid a < x < b\}$
Sprechweise	a kleiner gleich x kleiner gleich b	a kleiner gleich x kleiner b	a kleiner x kleiner gleich b	a kleiner x kleiner b

Beispiele:
1. Schreibe $6 < x \leq 15$ als Intervall: $]6; 15]$
2. Gib $[-12; 3[$ in der beschreibenden Form an: $\{x \mid -12 \leq x < 3\}$
3. $\mathbb{L} = \{x \mid -8 \leq x < 6 \land -5 \leq x < 8\}$

    Gib die Lösung in der Intervallschreibweise an:

    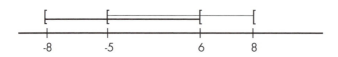

    $\mathbb{L} = [-5; 6[$

Verknüpfung von Aussageformen

Verknüpfung „und"
Die Lösungsmenge $\mathbb{L}$ ist die Schnittmenge der einzelnen Lösungsmengen:

$$\mathbb{L} = \mathbb{L}_1 \cap \mathbb{L}_2$$

Verknüpfung „oder"
Die Lösungsmenge $\mathbb{L}$ ist die Vereinigungsmenge der einzelnen Lösungsmengen:

$$\mathbb{L} = \mathbb{L}_1 \cup \mathbb{L}_2$$

Verknüpfung von Gleichungen durch „und"
Bei dieser Verknüpfung erhält man nur dann eine Lösungsmenge $\mathbb{L}$, wenn die Gleichungen äquivalent sind.

Beispiel:

$\mathbb{L} = \{x \mid 2x - 8 = 11 \;\land\; \tfrac{1}{2}x + 4 = -6\}_\mathbb{Q}$

$\mathbb{L} = \quad\quad \mathbb{L}_1 \quad\cap\quad \mathbb{L}_2 \quad\quad$ Schnittmenge

$\quad\quad 2x - 8 = 11 \mid +8 \quad\quad \tfrac{1}{2}x + 4 = -6 \mid -4$

$\quad\quad\quad 2x = 19 \mid :2 \quad\quad\quad \tfrac{1}{2}x = -10 \mid :\tfrac{1}{2}$

$\quad\quad\quad\quad x = 9{,}5 \quad\quad\quad\quad\quad x = -20$

$\mathbb{L}_1 \cap \mathbb{L}_2 = \{\}$

Verknüpfung von Gleichungen durch „oder"

Beispiel:

$\mathbb{L} = \{x \mid 4x - 12 = 2(x - 6) \quad\lor\quad 3x - 8 = 0\}_\mathbb{Q}$

$\mathbb{L} = \quad\quad\quad \mathbb{L}_1 \quad\quad\quad\quad \cup \quad\quad \mathbb{L}_2$

$\quad\quad 4x - 12 = 2(x - 6) \quad\quad\quad 3x - 8 = 0 \mid +8$

$\quad\quad 4x - 12 = 2x - 12 \mid +12 \quad\quad 3x = 8 \mid :3$

$\quad\quad\quad 4x = 2x \quad\quad \mid -2x \quad\quad\quad x = \tfrac{8}{3}$

$\quad\quad\quad 2x = 0 \quad\quad\quad \mid :2$

$\quad\quad\quad\quad x = 0$

$\mathbb{L} = \mathbb{L}_1 \cup \mathbb{L}_2 \quad\quad$ Vereinigungsmenge

$\mathbb{L} = \{0;\, \tfrac{8}{3}\}$

Bei veränderter Grundmenge kann sich auch die Lösungsmenge ändern.

$\mathbb{G} = \mathbb{Z} \Rightarrow \mathbb{L} = \{0\}$, weil $\tfrac{8}{3} \notin \mathbb{Z}$

$\mathbb{G} = \mathbb{N} \Rightarrow \mathbb{L} = \{\,\}$, weil $0 \notin \mathbb{N}$, $\tfrac{8}{3} \notin \mathbb{N}$

Verknüpfung von Ungleichungen durch „und"

Beispiel:

$\mathbb{L} = \{x \mid 3x - 8 < 1 \quad\land\quad -\tfrac{1}{2}x + 12 \leq 16\}_{\mathbb{Q},\,\mathbb{Z},\,\mathbb{N}}$

$\mathbb{L} = \quad\quad\quad \mathbb{L}_1 \quad\quad \cap \quad\quad\quad \mathbb{L}_2$

$\quad\quad 3x - 8 < 1 \mid +8 \quad\quad -\tfrac{1}{2}x + 12 \leq 16 \mid -12$

$\quad\quad\quad 3x < 9 \mid :3 \quad\quad\quad\quad -\tfrac{1}{2}x \leq 4 \mid \cdot (-2)$

$\quad\quad\quad\quad x < 3 \quad\quad\quad\quad\quad\quad x \geq -8 \quad$ Inversionsgesetz

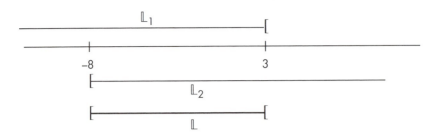

$G = \mathbb{Q} \Rightarrow \mathbb{L} = \{x \mid -8 \leq x < 3\}$ oder $\mathbb{L} = [-8; 3[_\mathbb{Q}$
$G = \mathbb{Z} \Rightarrow \mathbb{L} = \{-8; -7; -6; \ldots ; 2\}$
$G = \mathbb{N} \Rightarrow \mathbb{L} = \{1; 2\}$

Verknüpfung von Ungleichungen durch „oder"

Beispiel:

$\mathbb{L} = \{x \mid \underbrace{\tfrac{1}{4}x - 6 > 0}_{\mathbb{L}_1} \quad \vee \quad \underbrace{2 \cdot (x-3) < 9}_{\mathbb{L}_2}\}_{\mathbb{N}_3}$

$\mathbb{L} = \quad \mathbb{L}_1 \quad \cup \quad \mathbb{L}_2$

$\begin{aligned} \tfrac{1}{4}x - 6 &> 0 \quad |+6 \\ \tfrac{1}{4}x &> 6 \quad |\cdot 4 \\ x &> 24 \end{aligned}$
$\qquad \begin{aligned} 2 \cdot (x-3) &< 9 \\ 2x - 6 &< 9 \quad |+6 \\ 2x &< 15 \quad |:2 \\ x &< 7{,}5 \end{aligned}$

$\mathbb{L}_1 = \{27; 30; 33; \ldots\}$ $\qquad\qquad\qquad \mathbb{L}_2 = \{3; 6\}$
$\mathbb{L} = \{3; 6; 27; 30; 33; \ldots\}$

Doppelungleichungen

Eine Doppelungleichung wird in zwei Ungleichungen zerlegt.
Die Lösungsmenge $\mathbb{L}$ ist dann die Schnittmenge der beiden Lösungsmengen.

Beispiel:

$\mathbb{L} = \{x \mid \underbrace{3x - 6 < 5x + 12}_{\mathbb{L}_1} \underbrace{\leq -\tfrac{1}{2}x + 1}_{\mathbb{L}_2}\}_{\mathbb{Z}}$

$\mathbb{L} = \quad \mathbb{L}_1 \quad \cap \quad \mathbb{L}_2$

$\begin{aligned} 3x - 6 &< 5x + 12 \quad |-5x; +6 \\ -2x &< 18 \quad |:(-2) \\ x &> -9 \end{aligned}$
$\wedge \begin{aligned} 5x + 12 &\leq -\tfrac{1}{2}x + 1 \quad |+\tfrac{1}{2}x; -12 \\ \tfrac{11}{2}x &\leq -11 \quad |\cdot \tfrac{2}{11} \\ x &\leq -2 \end{aligned}$

$\mathbb{L}_1 = \{-8; -7; -6; \ldots\}$ $\qquad\qquad\qquad \mathbb{L}_2 = \{\ldots; -3; -2\}$
$\mathbb{L} = \{-8; -7; -6; -5; -4; -3; -2\}$

In der Grundmenge $G = \mathbb{N}$ würde man als Lösungsmenge die leere Menge erhalten. In der Grundmenge $G = \mathbb{Q}$ würde man erhalten:

$\mathbb{L} = \{x \mid -9 < x \leq -2\}_\mathbb{Q}$ $\qquad$ oder $\qquad \mathbb{L} =]-9; -2]$

Produktgleichungen

$$a \cdot b = 0$$

Ein Produkt hat den Wert Null, wenn einer der Faktoren Null ist.

$$a = 0 \quad \vee \quad b = 0$$

Beispiel:

$\mathbb{L} = \{x \mid 4x \cdot (3x - 12) \cdot (\frac{1}{2}x + \frac{3}{8}) \cdot (x + 5) = 0\}_\mathbb{G} \quad \mathbb{G} = \mathbb{Q}, \mathbb{Z}, \mathbb{N}$

$4x \cdot (3x - 12) \cdot (\frac{1}{2}x + \frac{3}{8}) \cdot (x + 5) = 0$

$4x = 0 \quad \vee \quad 3x - 12 = 0 \quad \vee \quad \frac{1}{2}x + \frac{3}{8} = 0 \quad \vee \quad x + 5 = 0$

$x = 0 \quad \vee \quad x = 4 \quad \vee \quad x = -\frac{3}{4} \quad \vee \quad x = -5$

$\mathbb{G} = \mathbb{Q} \Rightarrow \mathbb{L} = \{-5; -\frac{3}{4}; 0; 4\}$

$\mathbb{G} = \mathbb{Z} \Rightarrow \mathbb{L} = \{-5; 0; 4\}$

$\mathbb{G} = \mathbb{N} \Rightarrow \mathbb{L} = \{4\}$

Produktungleichungen

$$a \cdot b > 0 \qquad\qquad a \cdot b < 0$$

Ein Produkt ist **positiv** (> 0), wenn beide Faktoren das **gleiche Vorzeichen** haben.

Ein Produkt ist **negativ** (< 0), wenn beide Faktoren **verschiedene Vorzeichen** haben.

$$(a > 0 \wedge b > 0) \vee (a < 0 \wedge b < 0) \qquad (a > 0 \wedge b < 0) \vee (a < 0 \wedge b > 0)$$

Beispiele:

1. $\mathbb{L} = \{x \mid 3x \cdot (5-x) > 0\}\ \mathbb{V}_2$

   $(3x > 0\ \wedge\ 5-x > 0)\quad \vee \quad (3x < 0\ \wedge\ 5-x < 0)$

   $(\ x > 0\ \wedge\ -x > -5)\quad \vee \quad (\ x < 0\ \wedge\ -x < -5)$

   $(\ x > 0\ \wedge\ x \textcircled{<} 5)\quad \vee \quad (\ x < 0\ \wedge\ x \textcircled{>} 5)$

   ⬆ Inversionsgesetz beachten!

   $0 < x < 5 \quad \vee \quad \emptyset$

   $\mathbb{L} = \{2;\ 4\}$

2. $\mathbb{L} = \{x \mid (4-6x)\cdot(2x-5) \leqq 0\}\ \mathbb{Q}$

   $(4-6x \geqq 0\ \wedge\ 2x-5 \leqq 0)\quad \vee \quad (4-6x \leqq 0\ \wedge\ 2x-5 \geqq 0)$

   $(-6x \geqq -4\ \wedge\ 2x \leqq 5)\quad \vee \quad (\ -6x \leqq -4\ \wedge\ 2x \geqq 5)$

   $(\ x \textcircled{\leqq} \tfrac{2}{3}\ \wedge\ x \leqq \tfrac{5}{2})\quad \vee \quad (\ x \textcircled{\geqq} \tfrac{2}{3}\ \wedge\ x \geqq \tfrac{5}{2})$

   ⬆ Inversionsgesetz beachten!

   $x \leqq \tfrac{2}{3} \quad \vee \quad x \geqq \tfrac{5}{2}$

   $\mathbb{L} = \{x \mid x \leqq \tfrac{2}{3}\ \vee\ x \geqq \tfrac{5}{2}\}$

Spezielle quadratische Gleichungen (Ungleichungen), die sich auf lineare Gleichungen (Ungleichungen) zurückführen lassen.

Solche Gleichungen (bzw. Ungleichungen) werden durch
Ausklammern einer Variablen (Beispiel 1)
Anwendung einer binomischen Formel (Beispiel 2)
Anwendung der quadratischen Ergänzung (Beispiel 3)
in eine Produktgleichung (bzw. Produktungleichung) umgeformt und dann mit Hilfe der auf der Seite 19 angegebenen Regeln gelöst.

Beispiele:

1. $2x^2 - 3x = 0 \qquad \mathbb{G} = \mathbb{Q}$
   $x(2x-3) = 0$
   $x = 0 \quad \vee \quad 2x - 3 = 0$
   $x = 0 \quad \vee \quad x = \tfrac{3}{2}$
   $\mathbb{L} = \{0;\ \tfrac{3}{2}\}$

2. $\quad 9x^2 - 30x + 25 = 0 \quad \mathbb{G} = \mathbb{Z}$

$$(3x-5)^2 = 0$$
$$(3x-5) \cdot (3x-5) = 0 \quad \longleftarrow$$ Diese Zeile kann weggelassen werden, denn eine Quadratzahl ist nur dann Null, wenn die Zahl Null ist.
$$3x - 5 = 0 \mid + 5$$
$$3x = 5 \mid : 3$$
$$x = \frac{5}{3}$$

$\mathbb{L} = \{\ \}$, weil $\frac{5}{3} \notin \mathbb{Z}$

3.
$$x^2 - 4x - 5 > 0 \quad \mathbb{G} = \mathbb{Q}, \mathbb{Z}, \mathbb{N}$$
$$x^2 - 4x + 2^2 - 2 - 5 > 0 \quad \text{Quadratische Ergänzung}$$
$$(x-2)^2 - 9 > 0$$
$$(x-2)^2 - 3^2 > 0 \quad \text{Anwendung des 3. Binoms}$$
$$(x - 2 + 3)(x - 2 - 3) > 0$$
$$(x + 1)(x - 5) > 0$$
$(x + 1 > 0 \land x - 5 > 0) \quad \lor \quad (x + 1 < 0 \land x - 5 < 0)$
$(x > -1 \land x > 5) \quad \lor \quad (x < -1 \land x < 5)$
$x > 5 \quad \lor \quad x < -1$

$\mathbb{G} = \mathbb{Q} \Rightarrow \mathbb{L} = \{x \mid x < -1 \lor x > 5\}_\mathbb{Q}$
$\mathbb{G} = \mathbb{Z} \Rightarrow \mathbb{L} = \{\ldots -3; -2; 6; 7; \ldots\}$
$\mathbb{G} = \mathbb{N} \Rightarrow \mathbb{L} = \{6; 7; 8; \ldots\}$

Bruchterme

Definition

Ein Bruchterm liegt vor, wenn im Nenner eines Bruches eine Variable steht.

Keine Bruchterme: $\frac{4x}{3} \; ; \; \frac{1}{2}y \; ; \; \frac{8x-2}{5}$

Bruchterme: $\frac{6}{x} \; ; \; \frac{4}{x-2} \; ; \; \frac{3x-5}{x\left(\frac{1}{2}x-3\right)}$

Für die Umformung und das Rechnen mit Bruchtermen gelten die gleichen Gesetze und Regeln wie für das Rechnen mit Bruchzahlen.

Definitionsmenge $\mathbb{D}$

Es kann vorkommen, dass für eine Belegung aus der Grundmenge $\mathbb{G}$ der Wert des Nenners des Bruchterms Null werden kann. Diese Belegung muss ausgeschlossen werden.

In der Definitionsmenge $\mathbb{D}$ sind alle Elemente der Grundmenge $\mathbb{G}$ ohne die Nullstellen des Nenners.

$$\mathbb{D} = \mathbb{G} \setminus \{\text{Nullstellen des Nenners}\}$$

Beispiele:

1. $\frac{4x}{2x-5}$ $\qquad \mathbb{G} = \mathbb{Q}$ $\qquad$ Nullstellen des Nenners:
$2x - 5 = 0 \mid +5$
$2x = 5 \mid : 2$
$x = \frac{5}{2}$

  $\mathbb{D} = \mathbb{Q} \setminus \left\{\frac{5}{2}\right\}$

2. $\dfrac{2a^2 + 1}{(a^2 - 4)(3a - 1)}$ $\mathbb{G} = \mathbb{N}, \mathbb{Z}, \mathbb{Q}$

Nullstellen des Nenners:

$$(a^2 - 4)(3a - 1) = 0$$
$$\downarrow$$
$$(a + 2)(a - 2)(3a - 1) = 0$$
$$a + 2 = 0 \vee a - 2 = 0 \vee 3a - 1 = 0$$
$$a = -2 \quad \vee \quad a = 2 \quad \vee \quad a = \tfrac{1}{3}$$

$\mathbb{G} = \mathbb{N} \Rightarrow \mathbb{D} = \mathbb{N} \setminus \{2\}$
$\mathbb{G} = \mathbb{Z} \Rightarrow \mathbb{D} = \mathbb{Z} \setminus \{-2; 2\}$
$\mathbb{G} = \mathbb{Q} \Rightarrow \mathbb{D} = \mathbb{Q} \setminus \{-2; 2; \tfrac{1}{3}\}$

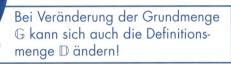

Bei Veränderung der Grundmenge $\mathbb{G}$ kann sich auch die Definitionsmenge $\mathbb{D}$ ändern!

3. $\dfrac{5a - 3a^2 + 5}{\tfrac{4}{5}a - 2}$ $\mathbb{G} = \mathbb{N}$

Nullstellen des Nenners:
$$\tfrac{4}{5}a - 2 = 0 \mid +2$$
$$\tfrac{4}{5}a = 2 \mid \cdot \tfrac{5}{4}$$
$$a = \tfrac{5}{2}$$

$\mathbb{D} = \mathbb{N}$ ($\tfrac{5}{2}$ muss nicht ausgeschlossen werden, weil $\tfrac{5}{2} \notin \mathbb{N}$)

Kürzen und Erweitern

$$\frac{T_1}{T_2} = \frac{T_1 \cdot T_3}{T_2 \cdot T_3}$$

⬅ Kürzen

Erweitern ➡

Beim Kürzen und Erweitern kann sich die Definitionsmenge $\mathbb{D}$ ändern. Der ursprüngliche Term T und der umgeformte Term T* sind nur hinsichtlich der **gemeinsamen** Definitionsmenge $\mathbb{D}$ äquivalent.

Es ist stets die „umfassende" Definitionsmenge $\mathbb{D}$ anzugeben:
Beim Kürzen: $\mathbb{D}$ vom **ungekürzten** Term
Beim Erweitern: $\mathbb{D}$ vom **erweiterten** Term

Beispiele:

1. Kürze so weit wie möglich in $\mathbb{G} = \mathbb{Q}$.

$T = \dfrac{3x^2 \cdot 5(x-1)}{9(x^2-2x+1) \cdot x}$ ursprünglicher Term $x^2 - 2x + 1 = (x-1)^2$
$\mathbb{D} = \mathbb{Q} \setminus \{0; 1\}$

$T = \dfrac{\cancel{3}x^{\cancel{2}} \cdot 5 \cancel{(x-1)}}{\underset{3}{\cancel{9}} \cdot (x-1)^{\cancel{2}} \cdot \cancel{x}}$ $T^* = \dfrac{5x}{3(x-1)}$ gekürzter Term
$\mathbb{D}^* = \mathbb{Q} \setminus \{1\}$

$\Rightarrow \mathbb{D} = \mathbb{Q} \setminus \{0; 1\}$

2. Erweitere auf den Nenner $N = x^2(4x^2 - 9)$

$T = \dfrac{4}{2x - 3}$ $\mathbb{G} = \mathbb{Q}$ $\mathbb{D} = \mathbb{Q} \setminus \{\tfrac{3}{2}\}$
$N = x^2(4x^2 - 9) = x^2(2x-3)(2x+3)$
$T^* = \dfrac{4x^2(2x+3)}{x^2(2x-3)(2x+3)}$ $E = x^2(2x+3)$
$\mathbb{D}^* = \mathbb{Q} \setminus \{0; \tfrac{3}{2}; -\tfrac{3}{2}\}$

$\Rightarrow \mathbb{D} = \mathbb{Q} \setminus \{0; \tfrac{3}{2}; -\tfrac{3}{2}\}$

Addition und Subtraktion

Alle Nenner N müssen auf den Hauptnenner HN erweitert werden.

Beispiel:

$T = \dfrac{4}{3a} - \dfrac{3}{2a^2} - \dfrac{1}{2a-1} + \dfrac{7}{4a^2 - 1}$

Erweiterungsfaktor $E_n = \dfrac{\text{Hauptnenner HN}}{\text{Teilnenner } N_n}$

Bestimmung des HN:
$N_1 = \quad 3 \quad \cdot a \longrightarrow$
$N_2 = 2 \cdot \quad a \cdot a \longrightarrow$
$N_3 = \quad\quad\quad (2a-1) \longrightarrow$
$N_4 = \quad\quad\quad (2a-1)(2a+1) \longrightarrow$

Bestimmung der Erweiterungsfaktoren E:
$E_1 = 2a(2a-1)(2a+1) \longleftarrow HN : N_1$
$E_2 = \quad 3(2a-1)(2a+1) \longleftarrow HN : N_2$
$E_3 = \quad 6a^2 \quad (2a+1) \longleftarrow HN : N_3$
$E_4 = \quad 6a^2 \quad\quad\quad \longleftarrow HN : N_4$

$HN = 2 \cdot 3 \cdot a \cdot a(2a-1)(2a+1) = 6a^2(4a^2 - 1)$ $\mathbb{D} = \mathbb{Q} \setminus \{0; \tfrac{1}{2}; -\tfrac{1}{2}\}$

$T = \dfrac{4 \cdot 2a(2a-1)(2a+1) - 3 \cdot 3(2a-1)(2a+1) - 1 \cdot 6a^2(2a+1) + 7 \cdot 6a^2}{HN}$

$T = \dfrac{8a(4a^2 - 1) - 9(4a^2 - 1) - 6a^2(2a+1) + 42a^2}{HN}$

$T = \dfrac{32a^3 - 8a - 36a^2 + 9 - 12a^3 - 6a^2 + 42a^2}{HN}$

$T = \dfrac{20a^3 - 8a + 9}{6a^2(4a^2 - 1)}$

Multiplikation und Division

Multiplikation

$$\frac{\text{Zähler 1}}{\text{Nenner 1}} \cdot \frac{\text{Zähler 2}}{\text{Nenner 2}} = \frac{Z_1 \cdot Z_2}{N_1 \cdot N_2}$$

Division

$$\frac{\text{Zähler 1}}{\text{Nenner 1}} : \frac{\text{Zähler 2}}{\text{Nenner 2}} = \frac{Z_1 \cdot N_2}{N_1 \cdot Z_2}$$

Beispiele:

1. $\dfrac{3(x^2-1)}{4(x^2-2x+1)} \cdot \dfrac{2(x-1)}{9 \cdot (x+1)} = \dfrac{\cancel{3}(x+1)(\cancel{x-1}) \cdot \cancel{2}(\cancel{x-1})}{\underset{2}{\cancel{4}}(\cancel{x-1})^2 \cdot \underset{3}{\cancel{9}}(x+1)} = \dfrac{1}{6}$ $\mathbb{D} = \mathbb{Q} \setminus \{-1; 1\}$

2. $\dfrac{3a^2 b^3}{5c} : \dfrac{6a^4 b}{25c^4} = \dfrac{3a^2 b^3 \cdot 25c^4}{5c \cdot 6a^4 \cdot b} = \dfrac{5b^2 c^3}{2a^2}$ $a, b, c \neq 0$

Bruchgleichungen und Bruchungleichungen

Bruchgleichungen

Ein Bruchterm liegt vor, wenn die Variable im Nenner steht.
Eine Bruchgleichung liegt vor, wenn in einer Gleichung mindestens ein Bruchterm vorkommt.

Alle Bruchgleichungen weden nach dem gleichen Verfahren gelöst. Beachte dabei, dass der Nenner niemals 0 sein darf, weil die Division durch Null nicht erlaubt ist. Man muss stets die **Definitionsmenge** $\mathbb{D}$ bestimmen.

Man schließt alle Belegungen für x aus, für die der Nenner den Wert Null annimmt!

Lösungsverfahren bei Bruchgleichungen:
① Bestimmung der Definitionsmenge $\mathbb{D}$
② Bestimmung des Hauptnenners HN
③ Bestimmung der Erweiterungsfaktoren E
④ Erweiterung auf den Hauptnenner
⑤ Multiplikation mit dem Hauptnenner
⑥ Lösung der Gleichung, die nun keine Bruchgleichung mehr ist
⑦ Bestimmung der Lösungsmenge $\mathbb{L}$

Beispiele:

1. $\dfrac{4}{3x} - \dfrac{1}{2} + \dfrac{3}{x} - \dfrac{5}{2x} = \dfrac{5}{3}$ $\mathbb{G} = \mathbb{Z}$ $\mathbb{D} = \mathbb{Q} \setminus \{0\}$ ①

    $\dfrac{8}{6x} - \dfrac{3x}{6x} + \dfrac{18}{6x} - \dfrac{15}{6x} = \dfrac{10x}{6x}$ / $\cdot$ HN ④ ⑤   HN = 6x ②

    $\left. \begin{array}{rl} 8 - 3x + 18 - 15 &= 10x \\ -3x + 11 &= 10x \;/+ 3x \\ 11 &= 13x \;/: 13 \\ x &= \dfrac{11}{13} \end{array} \right\}$ ⑥ $\left. \begin{array}{l} E_1 = 2 \\ E_2 = 3x \\ E_3 = 6 \\ E_4 = 3 \\ E_5 = 2x \end{array} \right\}$ ③

    $\mathbb{L} = \{\ \}$ weil $\dfrac{11}{13} \notin \mathbb{Z}$ ⑦

2. $\mathbb{L} = \{x \mid \dfrac{x-2}{x} + \dfrac{x+3}{x-5} = \dfrac{2x^2-10}{x^2-5x}\}$ $\mathbb{Q}$

Der 3. Nenner wird in Faktoren zerlegt, um die Definitionsmenge $\mathbb{D}$ und den Hauptnenner HN besser zu erkennen:

$$\dfrac{x-2}{x} + \dfrac{x+3}{x-5} = \dfrac{2x^2-10}{x^2-5x}$$

$x^2 - 5x = x(x-5)$
$\mathbb{D} = \mathbb{Q} \setminus \{0; 5\}$ ①
$HN = x(x-5)$ ②
$E_1 = (x-5)$
$E_2 = x$ ③
$E_3 = 1$

$$\dfrac{(x-2)(x-5)}{x(x-5)} + \dfrac{(x+3)\cdot x}{x(x-5)} = \dfrac{2x^2-10}{x(x-5)} \quad |\cdot HN \quad ④ ⑤$$

$$\left.\begin{array}{rl} x^2 - 5x - 2x + 10 + x^2 + 3x &= 2x^2 - 10 \\ 2x^2 - 4x + 10 &= 2x^2 - 10 \\ -4x + 10 &= -10 \quad |-10 \\ -4x &= -20 \quad |:(-4) \\ x &= 5 \end{array}\right\} ⑥$$

$\Rightarrow \mathbb{L} = \{\ \}$, weil $5 \notin \mathbb{D}$ ⑦

3. Bestimme nur die Definitionsmenge. $\quad \mathbb{G} = \mathbb{Q}$

$$\dfrac{2}{x+1} + \dfrac{4x}{2x-3} + \dfrac{6}{x^2} - \dfrac{x}{-x+4} = \dfrac{5}{-\frac{1}{2}x-5}$$

Der Nenner wird Null für . . .

$x = -1 \quad x = \dfrac{3}{2} \quad x = 0 \quad x = 4 \quad x = -10 \Rightarrow \mathbb{D} = \mathbb{Q}\setminus\{-10; -1; 0; \dfrac{3}{2}; 4\}$

Verhältnisgleichungen (Proportionen)

Gleichungen der Form

$$\dfrac{a}{b} = \dfrac{c}{d} \qquad \text{bzw. } a : b = c : d$$

Bruchstrich und Doppelpunkt sind gleichbedeutend

nennt man Verhältnisgleichungen oder Proportionen.
Bei einer Proportion kann man

① die Innenglieder
② die Außenglieder
③ Innen- und Außenglieder gleichzeitig vertauschen.

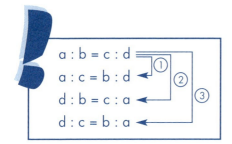

Zahlenbeispiel	→	Wert
4 : 5 = 8 : 10		0,8 = 0,8
4 : 8 = 5 : 10		0,5 = 0,5
10 : 5 = 8 : 4		2 = 2
10 : 8 = 5 : 4		1,25 = 1,25

Lösungsverfahren bei Proportionen:

① Bestimmung der Definitionsmenge $\mathbb{D}$ (wenn eine Bruchgleichung vorliegt)
② Umformung der Proportion nach folgender Regel:

„Über Kreuz multiplizieren"   oder   „Produkt der Innenglieder ist Produkt der Außenglieder"

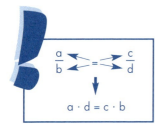

Verhältnisgleichung

↓

Produktgleichung

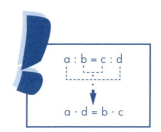

③ Bestimmung der Lösungsmenge $\mathbb{L}$

Beispiel:

$\mathbb{L} = \{x \mid \frac{4}{x-3} = \frac{4x}{x^2-1}\} \mathbb{Q}$

Es liegt eine Bruchgleichung vor, deshalb muss $\mathbb{D}$ bestimmt werden.

$x^2 - 1 = (x+1)(x-1)$

$\Rightarrow \mathbb{D} = \mathbb{Q} \setminus \{-1; +1; 3\}$ ①

$$\frac{4}{x-3} = \frac{4x}{x^2-1}$$

$4(x^2 - 1) = 4x(x-3)$ ②
$4x^2 - 4 = 4x^2 - 12x$
$-4 = -12x$ |: (−12)
$x = \frac{1}{3}$ $\Rightarrow \mathbb{L} = \{\frac{1}{3}\}$

Bruchungleichungen

$\frac{a}{b} > 0$

Ein Bruch ist **positiv** (> 0), wenn Zähler und Nenner **gleiche** Vorzeichen haben.

$(a > 0 \wedge b > 0) \vee (a < 0 \wedge b < 0)$

$\frac{a}{b} < 0$

Ein Bruch ist **negativ** (< 0), wenn Zähler und Nenner **verschiedene** Vorzeichen haben.

$(a > 0 \wedge b < 0) \vee (a < 0 \wedge b > 0)$

Bei Bruchungleichungen muss vor dem Lösen die Definitionsmenge $\mathbb{D}$ bestimmt werden.

Beispiele:

1. $\mathbb{L} = \{x \mid \frac{2x-3}{\frac{1}{2}x+4} > 0\}_{\mathbb{Z}}$ $\qquad \mathbb{D} = \mathbb{Z} \setminus \{-8\}$

   $(2x - 3 > 0 \wedge \frac{1}{2}x + 4 > 0) \vee (2x - 3 < 0 \wedge \frac{1}{2}x + 4 < 0)$
   $\qquad (x > \frac{3}{2} \wedge \quad x > -8) \vee (\quad x < \frac{3}{2} \quad \wedge x < -8)$
   $\qquad\qquad\qquad x > \frac{3}{2} \qquad\quad \vee \qquad\quad x < -8$

   $\mathbb{L} = \{\ldots -10; -9; 2; 3; \ldots\}$

2. $\mathbb{L} = \{x \mid \frac{6x+14}{3x-9} \leqq 0\}_{\mathbb{G}}$ $\qquad \mathbb{G} = \mathbb{Q}, \mathbb{Z}, \mathbb{N} \qquad \mathbb{D} = \mathbb{G} \setminus \{3\}$

   $(6x + 14 \geqq 0 \wedge 3x - 9 < 0) \vee (6x + 14 \leqq 0 \wedge 3x - 9 > 0)$

   Im Nenner darf kein Gleichheitszeichen gesetzt werden, weil Nenner $\neq 0$

   $\qquad (6x \geqq -14 \wedge 3x < 9) \vee (6x \leqq -14 \wedge 3x > 9)$
   $\qquad (x \geqq -\frac{7}{3} \wedge x < 3) \vee (x \leqq -\frac{7}{3} \wedge x > 3)$
   $\qquad\qquad -\frac{7}{3} \leqq x < 3 \quad \vee \qquad\qquad \emptyset$

   $\mathbb{G} = \mathbb{Q} \Rightarrow \mathbb{L} = \{x \mid -\frac{7}{3} \leqq x < 3\}$
   $\mathbb{G} = \mathbb{Z} \Rightarrow \mathbb{L} = \{-2; -1; 0; 1; 2\}$
   $\mathbb{G} = \mathbb{N} \Rightarrow \mathbb{L} = \{1; 2\}$

3. $\mathbb{L} = \{x \mid \dfrac{x-8}{2} - \dfrac{\frac{1}{2}x^2 - 1}{x+4} < 0\}_{\mathbb{Z}}$ $\quad \mathbb{D} = \mathbb{Z} \setminus \{-4\}$

$$\dfrac{x-8}{2} - \dfrac{\frac{1}{2}x^2 - 1}{x+4} < 0 \qquad \begin{array}{l} HN = 2 \cdot (x+4) \\ E_1 = (x+4) \\ E_2 = 2 \end{array}$$

$$\dfrac{(x-8)(x+4) - 2 \cdot (\frac{1}{2}x^2 - 1)}{2(x+4)} < 0$$

$$\dfrac{x^2 + 4x - 8x - 32 - x^2 + 2}{2x + 8} < 0$$

$$\dfrac{-4x - 30}{2x + 8} < 0$$

$(-4x - 30 < 0 \quad \wedge \quad 2x + 8 > 0) \quad \vee \quad (-4x - 30 > 0 \quad \wedge 2x + 8 < 0)$
$(-4x < 30 \quad \wedge \quad 2x > -8) \vee \quad (-4x > 30 \quad \wedge \quad 2x < -8)$
$(x > -7{,}5 \wedge \quad x > -4) \vee \quad (x < -7{,}5 \wedge \quad x < -4)$
$\qquad x > -4 \qquad \vee \qquad x < -7{,}5$

$\mathbb{L}_1 = \{-3; -2; \ldots\} \cup \quad \mathbb{L}_2 = \{\ldots -9; -8\}$
$\mathbb{L} = \{\ldots -9; -8; -3; -2; \ldots\}$

Alle Bruchgleichungen lassen sich auch mithilfe einer sogenannten **Fallunterscheidung** lösen.

Am Beispiel 3) wird das veranschaulicht: $\quad \dfrac{-4x - 30}{2x + 8} < 0$
3. II. Möglichkeit:

1. Fall: positiver Nenner
$2x + 8 > 0$
$2x > -8$
$\boxed{x > -4}$

Bei der Multiplikation mit einer positiven Zahl ändert sich das Ungleichheitszeichen nicht!

$\dfrac{-4x - 30}{2x + 8} < 0 \qquad |\cdot (2x + 8)$
$\qquad\qquad\qquad\qquad\quad$ positiv
$-4x - 30 < 0$
$-4x < 30 \mid :(-4)$
$x > -7{,}5$

$\underbrace{x > -7{,}5 \wedge x > -4}_{x > -4}$
$\Rightarrow \mathbb{L} = \{\ldots -9; -8; -3; -2; \ldots\}$

2. Fall: negativer Nenner
$2x + 8 < 0$
$2x < -8$
$\boxed{x < -4}$

Bei der Multiplikation mit einer Zahl ändert sich das Ungleichheitszeichen!

$\dfrac{-4x - 30}{2x + 8} < 0 \qquad |\cdot (2x + 8)$
$\qquad\qquad\qquad\qquad\quad$ negativ
$-4x - 30 > 0$
$-4x > 30 \mid :(-4)$
$x < -7{,}5$

$\underbrace{x < -7{,}5 \wedge x < -4}_{x < -7{,}5}$

Relationen und Funktionen

Paar- oder Produktmenge

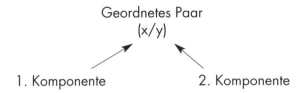

Beachte dabei: $(x/y) \neq (y/x)$
 $(2/3) \neq (3/2)$

Unter der Produktmenge zweier Mengen M_1 und M_2 versteht man die Menge aller geordneten Paare, deren erste Komponente aus M_1 und deren zweite Komponente aus M_2 ist.

Man schreibt:

$M_1 \times M_2 = \{(x/y) \mid x \in M_1 \wedge y \in M_2\}$

Besitzt die Menge M_1 m Elemente und die Menge M_2 n Elemente, so hat die Produktmenge $M_1 \times M_2$ m · n Elemente.
Ist eine der beiden Mengen die leere Menge, so ist die Produktmenge ebenfalls die leere Menge.

$(M_1 = \{\ \} \vee M_2 = \{\ \}) \Leftrightarrow M_1 \times M_2 = \{\ \}$

Graphische Darstellung der Produktmenge

$M_1 = \{a;\ b;\ c\}$ $\hspace{4em}$ $M_2 = \{\square; \triangle\}$

$M_1 \times M_2 = \{(a/\square);\ (a/\triangle);\ (b/\square);\ (b/\triangle);\ (c/\square);\ (c/\triangle)\}$

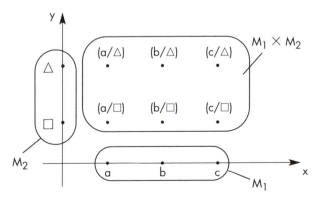

Die Elemente der 1. Menge ordnet man Punkten auf der x-Achse zu, die Elemente der zweiten Menge ordnet man Punkten auf der y-Achse zu.

Relation

Durch eine Aussageform wird eine Beziehung zwischen den Elementen von zwei Mengen M_1 und M_2 hergestellt ($x \in M_1$, $y \in M_2$).

Beispiele:
„x ist doppelt so groß wie y": $\qquad x = 2 \cdot y$
„y ist das um 1 verminderte Quadrat von x": $\quad y = x^2 - 1$

Die Beziehung zwischen den Elementen M_1 und M_2 nennt man Relationsvorschrift.

> Die Lösungsmenge einer Aussageform mit zwei Variablen ($x \in M_1$, $y \in M_2$) nennt man **Relation R**.
> Es gilt stets: $R \subseteq M_1 \times M_2$

Darstellung einer Relation
Es gibt mehrere Möglichkeiten der Darstellung:
Wortform   **Aufzählende Form**
Aussageform   **Pfeildiagramm**
Beschreibende Form   **Koordinatendiagramm**

Beispiel:
Gegeben ist die Grundmenge
$\mathbb{G} = M_1 \times M_2$ mit $M_1 = \{1; 3; 4; 5\}$ und $M_2 = \{1; 3; 6; 8\}$

„x ist halb so groß wie y" ⟵ **Wortform**

$x = \frac{1}{2} y$ ⟵ **Aussageform**

$R = \{(x/y) \mid x = \frac{1}{2} y\}_{M_1 \times M_2}$ ⟵ **Beschreibende Form**

$R = \{(3/6); (4/8)\}$ ⟵ **Aufzählende Form**

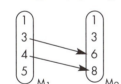 ⟵ **Pfeildiagramm**

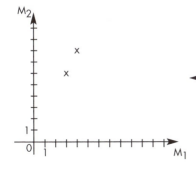 ⟵ **Koordinatendiagramm (Graph)**

Es müssen nicht alle Elemente aus M_1 und M_2 in der Relation vorkommen.

Definitionsmenge $\mathbb{D}$

Die Menge aller ersten Komponenten einer Relation nennt man **Definitionsmenge** $\mathbb{D}$.

Wertemenge $\mathbb{W}$

Die Menge aller zweiten Komponenten einer Relation nennt man **Wertemenge** $\mathbb{W}$.

$$R \subseteq \mathbb{D} \times \mathbb{W} \subseteq M_1 \times M_2$$

Im Beispiel $x = \frac{1}{2}y$ gilt also:

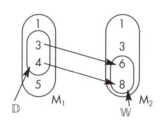

$\mathbb{D} = \{3; 4\}$ $\mathbb{W} = \{6; 8\}$

Weitere Beispiele:

1. $R = \{(x/y) \mid y = x - 4\}_{M_1 \times M_2}$ $M_1 = M_2 = [-2; 3]_\mathbb{Z}$
   a) Zeichne ein Pfeildiagramm der Relation R.
   b) Bestimme $\mathbb{D}$ und $\mathbb{W}$.
   c) Gib R in der aufzählenden Form an.

a)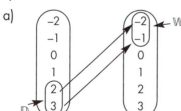

b) $\mathbb{D} = \{2; 3\}$
   $\mathbb{W} = \{-2; -1\}$

c) $R = \{(2/-2); (3/-1)\}$

38

2. $R = \{(x/y) \mid y = |x + 2| - 1\}_{M_1 \times M_2}$ $M_1 = [-5; 1]_{\mathbb{Z}}$
    $M_2 = [-2; 2]_{\mathbb{Z}}$

a) Zeichne ein Pfeildiagramm der Relation R.
b) Bestimme $\mathbb{D}$ und $\mathbb{W}$.
c) Gib R in der aufzählenden Form an.

x	−5	−4	−3	−2	−1	0	1
y	2	1	0	−1	0	1	2

a)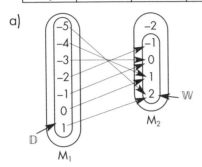

b) $\mathbb{D} = M_1$
   $\mathbb{W} = \{-1; 0; 1; 2\}$

c) $R = \{(-5/2); (-4/1); (-3/0); (-2/-1); (-1/0); (0/1); (1/2)\}$

Funktion

Wird bei einer Relation jedem Element der Definitionsmenge $\mathbb{D}$ **genau** ein Element der Wertemenge $\mathbb{W}$ zugeordnet, so nennt man die Relation R eine **Funktion f**.
Bei einer Funktion f ist die Zuordnung $M_1 \rightarrow M_2$ **eindeutig**.

Jede Funktion ist eine Relation, aber nicht jede Relation ist eine Funktion.

Eine Relation ist eine Funktion, wenn . . .

In der **aufzählenden Form:**   Jeder x-Wert kommt höchstens einmal vor.

Im **Pfeildiagramm:**   Von jedem x-Wert geht höchstens ein Pfeil ab.

Im **Koordinatendiagramm (Graph):**   Auf jeder Parallelen zur y-Achse liegt nur ein Punkt

Beispiele:
$M_1 = \{a; b; c\}$ $M_2 = \{2; 3; 4\}$
1. $R = \{(a/2); (c/3); (c/4)\}$

c kommt zweimal vor!

M_1 M_2
Von c gehen zwei Pfeile ab!

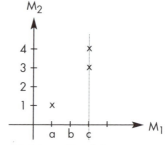

Auf dieser Parallelen liegen zwei Punkte!

$\Rightarrow$ R ist keine Funktion.

2. R = {(a/3); (b/2); (c/3)}

Jede 1. Komponente kommt nur einmal vor!

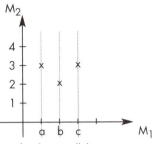

Von jedem x-Wert geht nur ein Pfeil ab.

Auf jeder Parallelen liegt nur ein Punkt.

⇒ R ist eine Funktion.

Umkehrrelation und Umkehrfunktion

1. Umkehrrelation R^{-1}

Man erhält aus der Relation R die Umkehrrelation R^{-1}, indem man

ⓐ die Pfeilrichtung $M_1 \to M_2$ umkehrt in $M_2 \to M_1$

ⓑ die Komponenten der Zahlenpaare vertauscht

ⓒ in der beschreibenden Form x mit y vertauscht und nach y auflöst

ⓓ den Graphen von R an der Winkelhalbierenden des I. und III. Quadranten spiegelt.

Dabei gilt stets: $\mathbb{D}_R = \mathbb{W}_{R^{-1}}$ $\mathbb{W}_R = \mathbb{D}_{R^{-1}}$

Beispiel:

G = M₁ × M₂ mit M₁ = {0; 1; 2; 3}   M₂ = {−1; 1; 2; 3}

Aussageform: y = 3 − 2 · x

ⓐ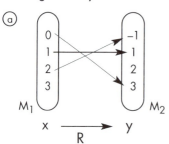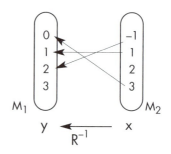

ⓑ R = {(0/3); (1/1); (2/−1)} R^{-1} = {(3/0); (1/1); (−1/2)}

   R = {(x/y) | y = 3 − 2x}   nach y auflösen: 2y = 3 − x | : 2

                                                        $y = \frac{3}{2} - \frac{1}{2}x$

ⓒ R^{-1} = {(x/y) | $y = \frac{3}{2} - \frac{1}{2}x$} ◀────────────────┘

ⓓ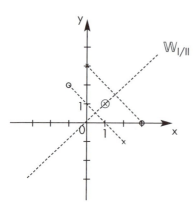

× R
○ R^{-1}

Bei ⓐ bis ⓓ gilt: $\mathbb{D}_R$ = {0; 1; 2} $\mathbb{W}_R$ = {−1; 1; 3}
                   $\mathbb{D}_{R^{-1}}$ = {−1; 1; 3} $\mathbb{W}_{R^{-1}}$ = {0; 1; 2}

2. Umkehrfunktion f^{-1}

Jede Relation besitzt eine Umkehrrelation, aber nicht jede Funktion besitzt eine Umkehrfunktion.

> Eine Funtkion heißt **umkehrbar**, wenn die Umkehrrelation wieder eine Funktion ist.

Beispiele:

1. $R = \{(x/y) \mid y = \frac{2}{5}x - 1\}_{M_1 \times M_2}$ $M_1 = \{-5; 0; 1; 5\}$

   $M_2 = \{-3; -1; 1; 2\}$

   a) Gib R in der aufzählenden Form an.
   b) Bestimme $\mathbb{D}_R$ und $\mathbb{W}_R$.
   c) Ist R eine Funktion? Begründe!
   d) Gib R^{-1} in der aufzählenden Form an.
   e) Bestimme $\mathbb{D}_{R^{-1}}$ und $\mathbb{W}_{R^{-1}}$.
   f) Ist R umkehrbar? Begründe!

   a)
x	-5	0	1	5
y	-3	-1	$-\frac{3}{5}$	1

   $\notin M_2$

   $\Rightarrow R = \{(-5/-3); (0/-1); (5/1)\}$

   b) $\mathbb{D}_R = \{-5; 0; 5\}$ $\mathbb{W}_R = \{-3; -1; 1\}$
   c) R ist eine Funktion f, weil die Zuordnung $M_1 \to M_2$ eindeutig ist.
   d) $R^{-1} = \{(-3/-5); (-1/0); (1/5)\}$
   e) $\mathbb{D}_{R^{-1}} = \{-3; -1; 1\}$ $\mathbb{W}_{R^{-1}} = \{-5; 0; 5\}$
   f) R ist umkehrbar, weil R^{-1} auch eine Funktion ist.

2. Gleiche Relation wie im Beispiel 1, aber mit neuer Grundmenge
   $G = \mathbb{Q} \times \mathbb{Q}$.
   a) Gib $R^{-1} = f^{-1}$ in der beschreibenden Form an.
   b) Zeichne f und f^{-1} in ein Koordinatensystem.
   c) Welche besondere Lage haben die Graphen von f und f^{-1} zueinander?

   a) Man muss x mit y vertauschen und nach y auflösen.

   f: $y = \frac{2}{5}x - 1$

   $x = \frac{2}{5}y - 1$ ↘ x mit y vertauschen

   $\frac{2}{5}y = x + 1 \quad | \cdot \frac{5}{2}$

   $f^{-1}: y = \frac{5}{2}x + \frac{5}{2}$

b) Zum Zeichnen verwendet man die Zahlenpaare des 1. Beispiels:

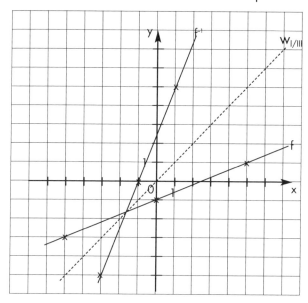

c) Wenn man f an der Winkelhalbierenden $w_{I/III}$ spiegelt, erhält man f^{-1}.

3. $R = \{(x/y) \mid y = |2x - 4| - 2\}_{M_1 \times M_2}$ $M_1 = [-2; 4]_{\mathbb{Z}}$
   $M_2 = [-4; -2; 0; 2; 4]_{\mathbb{Z}}$

   a) Gib R in der aufzählenden Form an.
   b) Ist R eine Funktion? Begründe.
   c) Gib R^{-1} in der aufzählenden Form an.
   d) Ist R^{-1} eine Funktion? Begründe.
   e) Bestimme $\mathbb{D}_R$, $\mathbb{W}_R$, $\mathbb{D}_{R^{-1}}$; $\mathbb{W}_{R^{-1}}$

   a)
x	-2	-1	0	1	2	3	4
y	6	4	2	0	-2	0	2

   $\notin M_2$

   → R = {(-1/4); (0/2); (1/0); (2/-2); (3/0); (4/2)}

   b) R ist eine Funktion, weil die Zuordnung $M_1 \to M_2$ eindeutig ist.
   c) R^{-1} = {(4/-1); (2/0); (0/1); (-2/2); (0/3); (2/4)}
   d) R^{-1} ist keine Funktion, weil z. B. dem Wert 0 zwei Werte (1 und 3) zugeordnet sind. Die Zuordnung ist also nicht eindeutig.
   e) $\mathbb{D}_R = \{-1; 0; 1; 2; 3; 4\}$ $\mathbb{D}_{R^{-1}} = \{-2; 0; 2; 4\}$
      $\mathbb{W}_R = \{-2; 0; 2; 4\}$ $\mathbb{W}_{R^{-1}} = \{-1; 0; 1; 2; 3; 4\}$

Die lineare Funktion
(Funktion der direkten Proportionalität)

Direkte Proportionalität

Bei der direkten Proportionalität sind die Zahlenpaare (x/y) quotientengleich
$\Rightarrow \frac{y}{x} = m$ (siehe auch Kapitel „Proportionalität" Band 1, Seite 66).
Löst man die Gleichung $\frac{y}{x} = m$ nach y auf, so erhält man die Funktionsgleichung
$y = m \cdot x$.

Allgemeine Form und Normalform

Der Graph der linearen Funktion ist eine Gerade.
Eine Gerade kann durch zwei Gleichungsformen dargestellt werden:

Allgemeine Form   **Normalform**

$ax + by + c = 0$ Umformung $y = mx + t$ m = Steigung
                                                t = Achsenabschnitt
                                                (Ordinatenabschnitt)

Beispiel: $3x - 2y - 6 = 0 \longrightarrow -2y = -3x + 6 \;/:(-2)$

$\qquad\qquad\qquad\qquad\qquad\qquad y = \frac{3}{2}x - 3$

$\qquad\qquad\qquad\qquad\qquad\qquad m = \frac{3}{2} \quad t = -3$

Steigung einer Geraden

Steigende Gerade   **Waagrechte Gerade**   **Fallende Gerade**
$m > 0$ $m = 0$ $m < 0$

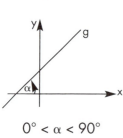 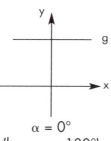 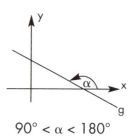

$0° < \alpha < 90°$ $\alpha = 0°$ $90° < \alpha < 180°$
                        (bzw. $\alpha = 180°$)

Für alle Geraden gilt: $m = \tan \alpha$

46

Die Steigung kann mithilfe eines „Steigungsdreiecks" dargestellt werden.

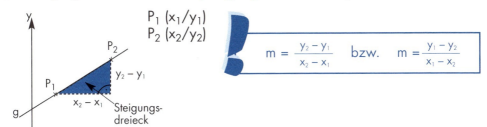

$$m = \frac{y_2 - y_1}{x_2 - x_1} \quad \text{bzw.} \quad m = \frac{y_1 - y_2}{x_1 - x_2}$$

Die Steigung zwischen zwei Punkten auf einer Geraden ist der Quotient aus der Differenz der y-Werte und der Differenz der x-Werte.
$$m = \frac{\triangle y}{\triangle x}$$

Beispiel:
Bestimme die Steigung zwischen dem Punkten A (–1/2) und B (4/5).
$$m = \frac{5-2}{4-(-1)} = \frac{3}{5}$$

Zeichnen von Geraden

Mithilfe des Steigungsdreiecks und des Achsenabschnittes t kann jede Gerade gezeichnet werden. Beachte dabei, dass m stets ein Bruch ist (z. B. $m = -0{,}4 \Rightarrow m = -\frac{2}{5}$).

1. Schritt: Markierung des Wertes t auf der y-Achse.
2. Schritt: An **diesem markierten Punkt** wird das Steigungsdreieck nach folgender „Merkregel" angesetzt:

Den **„unteren"** Wert (Nenner) des Bruches trägt man **unten** nach rechts oder links ab,

den **„oberen"** Wert (Zähler) des Bruches trägt man nach **oben** ab.

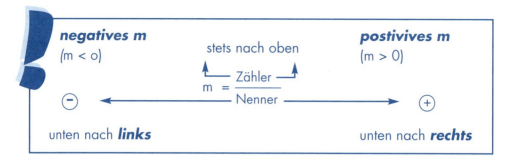

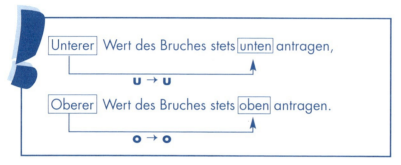

Man kann die Steigung auch mithilfe eines Verktors berechnen:

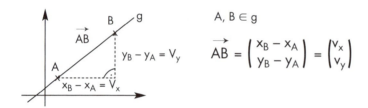

Die Steigung eines Vektors ist der Quotient aus der y-Koordinate und der x-Koordinate eines Vektors.

$$\vec{AB} = \begin{pmatrix} v_x \\ v_y \end{pmatrix} \Rightarrow m_{[AB]} = \frac{v_y}{v_x}$$

Beispiel:

Bestimme die Steigung zwischen den beiden Punkten R (2/–3,5) und S (–4/1).

$$\vec{RS} = \begin{pmatrix} -4 - 2 \\ 1 - (-3,5) \end{pmatrix} = \begin{pmatrix} -6 \\ +4,5 \end{pmatrix}$$

$$\Rightarrow m_{[RS]} = \frac{4,5}{-6} = -\frac{4,5}{6} = -\frac{3}{4}$$

gekürzt mit 1,5

Beispiel:

g: $y = -\frac{3}{4}x + 2$ → $t = 2$, $m = -\frac{3}{4}$

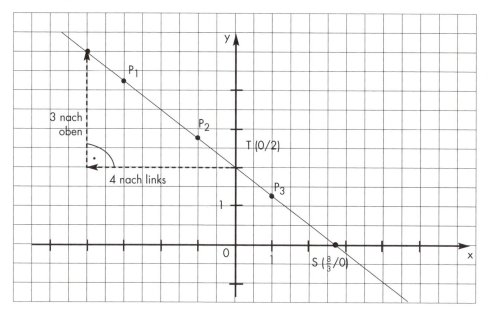

Eine Gerade lässt sich auch mithilfe einer Wertetabelle zeichnen.

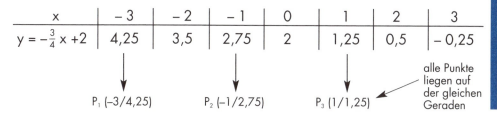

Den Schnittpunkt einer Geraden mit der x-Achse nennt man **Nullstelle**.
Zur Berechnung setzt man $y = 0$.

Beispiel: $y = -\frac{3}{4}x + 2$ ∧ $y = 0$

$$-\frac{3}{4}x + 2 = 0 \quad / -2$$
$$-\frac{3}{4}x = -2 \quad / \cdot (-\frac{3}{4})$$
$$x = \frac{8}{3} \Rightarrow \quad S\left(\frac{8}{3}/0\right)$$

Die Kosten für Strom, Wasser, Gas hängen vom Verbrauch ab. Diesen Zusammenhang kann man mithilfe von Geraden graphisch darstellen und auch verschiedene Tarife miteinander vergleichen.

Anwendungsbeispiel:

Die Stadtwerke bieten zwei verschiedene Stromtarife an:
Tarif I: Grundgebühr 14 € und 0,05 € je kWh
Tarif II: Grundgebühr 8 € und 0,08 € je kWh

Löse mithilfe einer Zeichnung:
1. Wie viele € kosten 125 kwh beim Tarif II?
2. Wie viele kWh erhält man beim Tarif I für 22 €?
3. Ab welchem Stromverbrauch ist Tarif I der günstigere?
4. Bestimme die Lösungen zu Aufgaben 1 – 3 durch Rechnung!

Lösung:

Tarif I	Tarif II
Grundgebühr 14 €	Grundgebühr 8 €
0,05 €/kWh	0,08 €/kWh
$\Rightarrow$ 5 €/100 kWh	$\Rightarrow$ 8 €/100 kWh
$\downarrow$	$\downarrow$
$y = 0{,}05x + 14$	$y = 0{,}08x + 8$
$y = \frac{5}{100} x + 14$	$y = \frac{8}{100} x + 8$
$m = \frac{5}{100}$; $t = 14$	$m = \frac{8}{100}$; $t = 8$

Anzahl der kWh auf der x-Achse: 1 cm $\triangleq$ 20 kWh
Anzahl der Euro auf der y-Achse: 1 cm $\triangleq$ 2 €

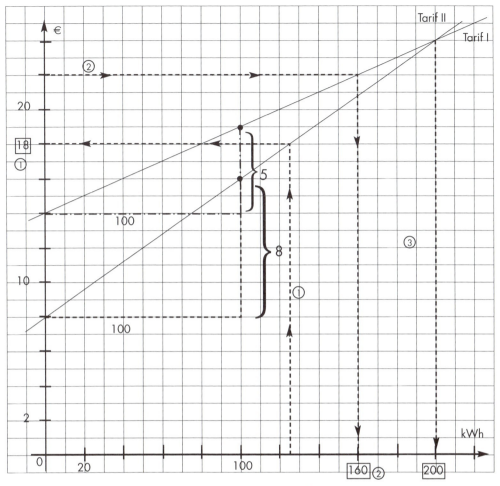

Lösung Nr. 1: Für 125 kWh muss man beim Tarif II 18 € bezahlen (bei 125 kWh auf der x-Achse senkrecht nach oben bis zur Geraden „Tarif II" und dann waagrecht nach links bis zur y-Achse ⇒ 18 €).

Lösung Nr. 2: Für 22 € erhält man bei Tarif I 160 kWh (bei 22 € auf der y-Achse waagrecht nach rechts bis zur Geraden „Tarif I" und dann senkrecht nach unten bis zur x-Achse ⇒ 160 kWh).

Lösung Nr. 3: Bei einem Verbrauch von mehr als 200 kWh ist Tarif I günstiger (bei 200 kWh schneiden sich die beiden Gerden. Rechts von diesem Schnittpunkt verläuft die Gerade für „Tarif I" unterhalb der Geraden von „Tarif II".)

Nr. 1: Mann muss in die Gleichung (Tarif II) $y = 0{,}08x + 8$ für $x = 125$ einsetzen.
⇒ $y = 0{,}08 \cdot 125 + 8$
$y = 18$; Man muss 18 € bezahlen.

Nr. 2: Man muss in die Gleichung (Tarif I) $y = 0{,}05x + 14$ für $y = 22$ einsetzen.
⇒ $22 = 0{,}05 \cdot x + 14$ /− 14
$8 = 0{,}05x$ / : (0,05)
$x = 160$; Man erhält 160 kWh

Nr. 3: Man muss für die Kosten der Tarife I und II eine Ungleichung herstellen ⇒ Tarif I < Tarif II
⇒ $y_I < y_{II}$
⇒ $0{,}05x + 14 < 0{,}08x + 8$ /− 0,08x
/− 14
$−0{,}03x < −6$ / : (− 0,03)
$x > 200$ Beachte das Inversionsgesetz!

Bei einem Verbrauch von mehr als 200 kWh ist Tarif I günstiger.

Punkt-Steigungs-Form und Zwei-Punkte-Form

Neben der allgemeinen Form und der Normalform einer Geradengleichung gibt es noch die Punkt-Steigungs-Form und die Zwei-Punkte-Form.

Punkt-Steigungs-Form, wobei $P_1(x_1/y_1)$ ein gegebener Punkt ist.
$$\frac{y-y_1}{x-x_1} = m \Rightarrow y = m \cdot (x-x_1) + y_1$$

Zwei-Punkte-Form, wobei $P_1(x_1/y_1)$ und $P_2(x_2/y_2)$ zwei gegebene Punkte sind.
$$\frac{y-y_1}{x-x_1} = \frac{y_2-y_1}{x_2-x_1}$$

Beispiele:

Bestimme die Gleichung der Geraden g durch die Punkte A (–2/4) und B (2/–3).

$$\frac{y-4}{x+2} = \frac{-3-4}{2+2}$$

$$\frac{y-4}{x+2} = \frac{-7}{4} \qquad |\cdot(x+2)$$

$$y-4 = -\frac{7}{4}(x+2) \qquad |+4$$

$$y = -\frac{7}{4}x - \frac{7}{2} + 4$$

$$g: \quad y = -\frac{7}{4}x + \frac{1}{2}$$

2. Bestimme die Gleichung der Geraden h, wenn gilt:
$m_h = -\frac{3}{4} \wedge A(-2/2{,}5) \in h$

$$y = -\frac{3}{4}(x+2) + 2{,}5$$

$$y = -\frac{3}{4}x - \frac{3}{2} + 2{,}5$$

$$h: y = -\frac{3}{4}x + 1$$

Besondere Geraden

g_1: Ursprungsgerade: $y = m \cdot x$
(Achsenabschnitt $t = 0$)
g_2: Parallele zur x-Achse: $y = t$
(Steigung $m = 0$, die Variable x fehlt)
g_3: Parallele zur y-Achse: $x = s$
(die Variable y fehlt)
g_4: x-Achse: $y = 0$
(Steigung $m = 0$, die Variable x fehlt)
g_5: y-Achse: $x = 0$
(die Variable y fehlt)

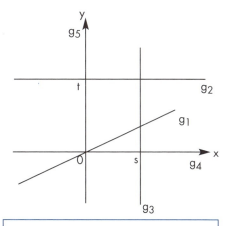

Beachte:
Mit g_3 und g_5 werden keine Funktionen dargestellt!

Parallele und senkrechte (orthogonale) Geraden

$g_1 \parallel g_2 \Leftrightarrow m_1 = m_2$

Zwei Geraden sind parallel, wenn sie die gleiche Steigung haben.

$g_1 \perp g_2 \Leftrightarrow \begin{matrix} m_2 = -\dfrac{1}{m_1} \\ m_1 \cdot m_2 = -1 \end{matrix}$

Zwei Geraden stehen aufeinander senkrecht, wenn die eine Steigung der negative Kehrwert der anderen Steigung ist oder wenn das Produkt der beiden Steigungen den Wert −1 hat.

Beispiele:

1. $g: y = -\frac{3}{4}x + 1$

    Bestimme die Gleichung von h mit h ∥ g ∧ A (–1/2) ∈ h

    $m_g = -\frac{3}{4} \Rightarrow m_h = -\frac{3}{4}$

    1. Möglichkeit
    Mit der Punkt-Steigungs-Form:
    $$y = m(x - x_P) + y_P$$
    $$h: y = -\frac{3}{4}(x + 1) + 2$$
    $$y = -\frac{3}{4}x - \frac{3}{4} + 2$$
    $$h: y = -\frac{3}{4}x + \frac{5}{4}$$

    2. Möglichkeit
    In die Gleichung der Geradenschar den Punkt A einsetzen:
    $$h: y = -\frac{3}{4}x + t$$
    $$A \in h: \; 2 = -\frac{3}{4} \cdot (-1) + t$$
    $$2 = \frac{3}{4} + t \quad |-\frac{3}{4}$$
    $$t = \frac{5}{4}$$
    $$h: y = -\frac{3}{4}x + \frac{5}{4}$$

2. $g: y = 2x - \frac{1}{2}$

    Bestimme die Gleichung von h mit h ⊥ g und P $(\frac{1}{2}|-4)$ ∈ h.

    $m_g = 2 \Rightarrow m_h = -\frac{1}{2}$

    1. Möglichkeit
    Mit der Punkt-Steigungs-Form:
    $$y = -\frac{1}{2}(x - x_P) + y_P$$
    $$h: y = -\frac{1}{2}(x - \frac{1}{2}) - 4$$
    $$y = -\frac{1}{2}x + \frac{1}{4} - 4$$
    $$h: y = -\frac{1}{2}x - \frac{15}{4}$$

    2. Möglichkeit
    In die Gleichung der Geradenschar den Punkt P einsetzen:
    $$h: y = -\frac{1}{2}x + t$$
    $$P \in h \; -4 = -\frac{1}{2} \cdot \frac{1}{2} + t$$
    $$-4 = -\frac{1}{4} + t \quad |+\frac{1}{4}$$
    $$t = -\frac{15}{4}$$
    $$h: y = -\frac{1}{2}x - \frac{15}{4}$$

Berechnung der Schnittpunkte S (s/0) und T (0; t) mit den Achsen

Beispiel: $\quad g: 6x - 8y + 12 = 0$

$g \cap $ x-Achse: $y = 0$
$\qquad 6x + 12 = 0$
$\qquad 6x = -12$
$\qquad x = -2 \Rightarrow S\,(-2/0)$

$g \cap $ y-Achse: $x = 0$
$\qquad -8y + 12 = 0$
$\qquad -8y = -12$
$\qquad y = 1{,}5 \Rightarrow T\,(0/1{,}5)$

> Die Schnittpunkte einer Geraden mit der x-Achse nennt man Nullstellen.

Achsenabschnittsform der Geraden

Sind die Schnittpunkte einer Geraden mit den beiden Achsen gegeben, so kann man die Geradengleichung in folgender Form aufstellen:

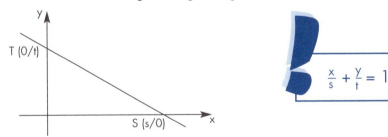

> $\dfrac{x}{s} + \dfrac{y}{t} = 1$

Beispiel:
Bestimme die Gleichung der Geraden g durch die Punkte S (–3/0) und T (0/4)

$\dfrac{x}{-3} + \dfrac{y}{4} = 1 \quad$ Hauptnenner ist 12

$\dfrac{-4x}{12} + \dfrac{3y}{12} = 1 \qquad |\cdot 12$

$-4x + 3y = 12 \quad /-12$

$-4x + 3y - 12 = 0 \qquad\longrightarrow\qquad 3y = 4x + 12$
$\qquad\qquad\qquad\qquad\qquad\qquad\qquad y = \dfrac{4}{3}x + 4$

Allgemeine Form $\qquad\qquad\qquad\qquad\qquad$ **Normalform**

Bestimmung einer Geradengleichung durch zwei gegebene Punkte

$$g : y = mx + t \quad \wedge \quad P_1 \in g \wedge P_2 \in g$$

Es müssen zwei Variablen (m und t) bestimmt werden.

Möglichkeit A

– Bestimmung der Steigung
– Einen der beiden Punkte in g (t) einsetzen
oder
Punkt-Steigungs-Form mit einem der beiden Punkte ansetzen

Möglichkeit B

– In die Normalform
y = mx + t den ersten Punkt einsetzen ⇒ Man erhält eine Gleichung mit zwei Variablen

– Den zweiten Punkt einsetzen ⇒ Man erhält eine zweite Gleichung mit zwei Variablen
– Nach einem der Verfahren (siehe Kapitel „Lineare Gleichungssysteme mit zwei Variablen") lösen.

Beispiel:

A (–3/2) B (4,5/–1,5)
Bestimme die Gleichung der Geraden g mit A, B ∈ g.

Möglichkeit A

Bestimmungen der Steigung m
oder:

$$m = \frac{-1,5 - 2}{4,5 + 3} = \frac{-3,5}{7,5} = -\frac{35}{75}$$

$$m = -\frac{7}{15}$$

$$\vec{AB} = \begin{pmatrix} 4,5 + 3 \\ -1,5 - 2 \end{pmatrix} = \begin{pmatrix} 7,5 \\ -3,5 \end{pmatrix}$$

$$m = \frac{-3,5}{7,5} = -\frac{7}{15}$$

Bestimmungen der Geradengleichung
oder:

g: $y = -\frac{7}{15}x + t$

A einsetzen:

$2 = -\frac{7}{15} \cdot (-3) + t$

$2 = \frac{21}{15} + t$

$2 = \frac{7}{5} + t \quad | -\frac{7}{5}$

$t = \frac{3}{5}$

⇒ g: $y = -\frac{7}{15}x + \frac{3}{5}$

Punktsteigungsform

g: $y = m(x - x_P) + y_P$

A ∈ g: $y = -\frac{7}{15}(x + 3) + 2$

$y = -\frac{7}{15}x - \frac{21}{15} + 2$

$y = -\frac{7}{15}x - \frac{7}{5} + 2$

⇒ g: $y = -\frac{7}{15}x + \frac{3}{5}$

Möglichkeit B:

$g: y = mx + t$

A einsetzen:

(1) $2 = -3m + t$

B einsetzen:

(2) $-1{,}5 = 4{,}5\,m + t$

$$\begin{array}{c|l}(1) & 2 = -3m + t \\ \wedge\,(2) & -1{,}5 = 4{,}5\,m + t\end{array}$$

Gleichungssystem mit zwei Variablen

(1) − (2):

$3{,}5 = -7{,}5\,m$ Anwendung des „Additionsverfahrens" als „Subtraktionsverfahren" (siehe Seite 70)

$m = -\frac{3{,}5}{7{,}5}$

(3) $m = -\frac{7}{15}$

(3) in (1): $2 = -3 \cdot \left(-\frac{7}{15}\right) + t$

$2 = \frac{21}{15} + t$

$t = \frac{3}{5}$

$g: y = -\frac{7}{15}x + \frac{3}{5}$

Geradenbüschel und Geradenschar

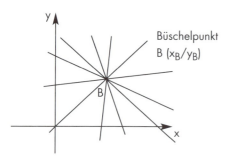
Büschelpunkt B (x_B/y_B)

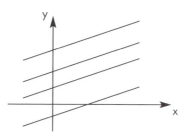

Geradenbüschel
$g(m): y = m(x - x_B) + y_B$

B ist konstant, m ist variabel

Geradenschar
(Parallelenschar)
$g(t): y = m_0 x + t$

m_0 ist konstant, t ist variabel

Beispiel:

1. Bestimme die Koordinaten des Büschelpunktes B des Geradenbüschels
   $g(m): y = -4 + mx + \frac{5}{3}m$

   $y = mx + \frac{5}{3}m - 4$ Zuerst ordnen!

   $y = m(x + \frac{5}{3}) - 4$ m ausklammern!

   $\Rightarrow B(-\frac{5}{3} | -4)$ B bestimmen!

2. $g_1: 3x - 2y - 8 = 0$
   Bestimme die Gleichung der Geradenschar, zu der g_1 gehört.
   Zuerst muss die Steigung von g_1 bestimmt werden.

   $3x - 2y - 8 = 0$
   $-2y = -3x + 8$
   $y = \frac{3}{2}x - 4 \Rightarrow m_{g_1} = \frac{3}{2}$

   $\Rightarrow$ Alle Geraden der Schar haben die Steigung $m = \frac{3}{2}$
   $\Rightarrow g(t) = \frac{3}{2}x + t$ (Gleichung der Geradenschar)

Abbildung von Geraden

1. Parallelverschiebung

$$g \xrightarrow{\vec{v} = \binom{v_x}{v_y}} g'$$

Bei der Verschiebung bleibt die Steigung der Geraden erhalten.
Es gibt zwei Möglichkeiten der Berechnung:

1. Möglichkeit	2. Möglichkeit
Zuerst wird die Normalform hergestellt.	
Man verschiebt den Punkt T (0/t) mit Hilfe der Abbildungsgleichungen $$\boxed{\begin{aligned} x_T' &= x_T + v_x \\ y_{T'} &= y_T + v_y \end{aligned}} \Rightarrow T'(x'/y')$$ Es gilt $m_{g'} = m_g$ $\Rightarrow$ g: y = mx + t T' wird in g' eingesetzt, um t zu berechnen. Jetzt kann die Gleichung von g' bestimmt werden.	Ein beliebiger Punkt P $\in$ g hat die Koordinaten P (x | mx + t) Die Abbildungsgleichungen für jeden beliebigen Punkt lauten dann: $$\boxed{\begin{aligned} x' &= x \quad\quad\; + v_x \\ y' &= mx + t + v_y \end{aligned}}$$ Die 1. Gleichung wird nach x aufgelöst und dieser Wert dann in die zweite Gleichung eingesetzt (Parameterverfahren). Durch Umbenennen von x' und y' in x und y erhält man die Gleichung von g'!

Beispiel:
g: 3x + 4y − 12 = 0 $\vec{v} = \binom{2}{1}$ $g \xrightarrow{\vec{v}} g'$

Bestimme die Gleichung von g'.
Zuerst Normalform herstellen:

$$\begin{aligned} 3x + 4y - 12 &= 0 \\ 4y &= -3x + 12 \\ g: \quad y &= -\tfrac{3}{4}x + 3 \end{aligned}$$

1. Möglichkeit

T (0/3)
$x_{T'} = 0 + 2 = 2$
$y_{T'} = 3 + 1 = 4$
$\Rightarrow T'\ (2/4)$
$m_{g'} = m_g = -\frac{3}{4}$
$g':\ y = -\frac{3}{4}x + t$
T' in g' einsetzen:
$4 = -\frac{3}{4} \cdot 2 + t$
$t = 4 + \frac{3}{2}$
$t = \frac{11}{2}$
$\Rightarrow g':\ y = -\frac{3}{4}x + \frac{11}{2}$

2. Möglichkeit

Beliebiger Punkt $P\ (x\ |\ -\frac{3}{4}x + 3)$
(1) $x' = x + 2$ $\quad\Rightarrow$ (3) $x = x' - 2$
(2) $y' = -\frac{3}{4}x + 3 + 1$

(3) in (2)
$y' = -\frac{3}{4}(x' - 2) + 3 + 1$
$y' = -\frac{3}{4}x' + \frac{3}{2} + 4$
$y' = -\frac{3}{4}x' + \frac{11}{2}$
Umbenennen:
$g':\ y = -\frac{3}{4}x + \frac{11}{2}$

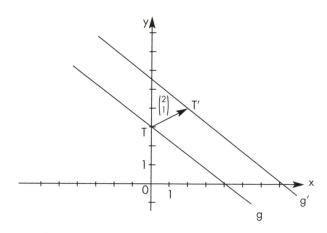

2. Punktspiegelung

$$g \xrightarrow{\ Z\ } g'$$

Bei der Punktspiegelung bleibt die Steigung der Geraden erhalten.

Lösungsweg:
Man bestimmt den Schnittpunkt T (0/t) der Geraden g mit der y-Achse.
T (0/t) wird an Z (x_Z/y_Z) gespiegelt und man erhält mit der Formel

$$\boxed{\vec{ZT'} = \vec{TZ}}$$

Z liegt genau in der Mitte von [TT'], also müssen die Vektoren $\vec{ZT'}$ und $\vec{TZ}$ gleich sein!

die Koordinaten von T' (x'/y').

Es gilt: $m_{g'} = m_g \Rightarrow g':\ y = mx + t$
T' wird in g' eingesetzt, um t zu berechnen.
Jetzt kann die Gleichung von g' bestimmt werden.

Beispiel:

g: 4x − 3y + 3 = 0   Z (−1/2)   g $\xrightarrow{Z}$ g'

Bestimme die Gleichung von g'.

$$4x - 3y + 3 = 0$$
$$-3y = -4x - 3$$
$$y = \tfrac{4}{3}x + 1 \Rightarrow T(0/1)$$

$\overrightarrow{ZT'} = \overrightarrow{TZ}$

$\begin{pmatrix} x' + 1 \\ y' - 2 \end{pmatrix} = \begin{pmatrix} -1 - 0 \\ 2 - 1 \end{pmatrix}$

$\begin{pmatrix} x' + 1 \\ y' - 2 \end{pmatrix} = \begin{pmatrix} -1 \\ 1 \end{pmatrix}$

$\begin{array}{ll} x' + 1 = -1 \quad |-1 & y' - 2 = 1 \quad |+2 \\ x' = -2 & y' = 3 \end{array}$ $\Rightarrow$ T' (−2/3)

g': y = $\tfrac{4}{3}$x + t

T' in g' eingesetzt:

$$3 = \tfrac{4}{3} \cdot (-2) + t$$
$$3 = -\tfrac{8}{3} + t$$
$$t = \tfrac{17}{3}$$

$\Rightarrow$ g':   y = $\tfrac{4}{3}$x + $\tfrac{17}{3}$

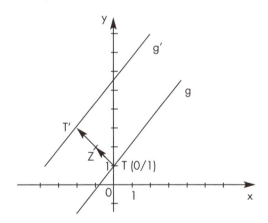

Bestimmung des Schnittpunktes von zwei Geraden

Siehe Kapitel „Lineare Gleichungssysteme und Ungleichungssysteme mit zwei Variablen" (Seite 69 ff).

Funktionen der indirekten Proportinalität

Indirekte Proportionalität

Bei der indirekten Proportionalität sind die Zahlenpaare (x/y) produktgleich
⇒ x · y = k (siehe auch Kapitel „Proportionalität" Band 1, Seite 65 ff).
Löst man die Gleichung x · y = k nach y auf, so erhält man die Funktionsgleichung $y = \frac{k}{x}$ (*).

Die Funktion $y = \frac{k}{x}$ mit x ≠ 0 und k ∈ ℚ \ {0}

$y = \frac{k}{x}$ bzw. $y = k \cdot x^{-1}$
k > 0

$y = \frac{k}{x}$ bzw. $y = k \cdot x^{-1}$
k < 0

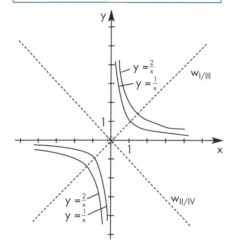
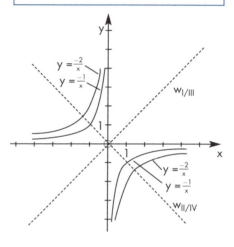

Kennzeichen

$y = \frac{k}{x}$ (k > 0)	$y = \frac{k}{x}$ (k < 0)
Der Graph ist eine Hyperbel mit zwei Kurvenästen	
Der Graph verläuft im I. und III. Quadranten	Der Graph verläuft im II. und IV. Quadranten
Der Graph ist punktsymmetrisch zum Ursprung	
Der Graph ist achsensymmetrisch zu den Winkelhalbierenden $w_{I/III}$ und $w_{II/IV}$	
𝔻 = ℚ \ {0} 𝕎 = ℚ \ {0}	
Die x-Achse und y-Achse sind Asymptoten	
monoton fallend Der Graph „springt" bei Null von −∞ nach +∞	monoton steigend Der Graph „springt" bei Null von +∞ nach −∞
Für k = 1 verläuft der Graph durch (1/1) und (−1/−1)	Für k = −1 verläuft der Graph durch (−1/1) und (1/−1)

(*) Siehe auch Kapitel „Potenzfunktion" Seite 121 ff.

Beispiele:

1. $y = \frac{2}{x+1} + 2$

   a) Fertige eine Wertetabelle für x ∈ {−5; −4; −3; −2; −1,5; −1; −0,5; 0; 1; 2; 3} und zeichne den Graphen.

   b) Beschreibe den Graphen der Funktion.

   Lösung:

   a)

x	−5	−4	−3	−2	−1,5	−1	−0,5	0	1	2	3
y	1,5	1,33	1	0	−2	nicht def.	6	4	3	2,67	2,5

   $\mathbb{D} = \mathbb{Q} \setminus \{-1\}$ $\mathbb{W} = \mathbb{Q} \setminus \{2\}$

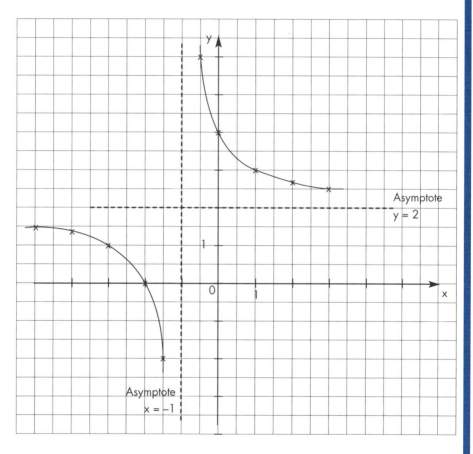

   b) Die Geraden x = −1 und y = 2 sind Asymptoten. Der Graph ist punktsymmetrisch zum Schnittpunkt der Asymptoten (−1/2).

2. Die Fläche eines Rechtecks mit den Seitenlängen x cm und y cm beträgt 12 cm². Stelle die Seitenlänge y in Abhängigkeit von der Seitenlänge x dar und zeichne den Graphen.

A = x · y

x · y = 12 $\mathbb{D} = \mathbb{Q}^+$, denn es gibt keine negativen Seitenlängen:

y = $\frac{12}{x}$

x	12	8	6	4	3	2	1
y	1	1,5	2	3	4	6	12

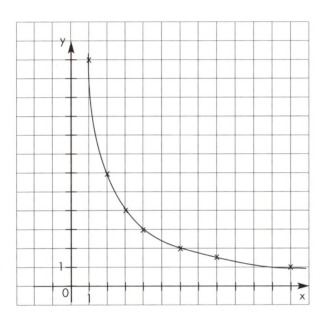

Lineare Gleichungssysteme und Ungleichungssysteme mit zwei Variablen

Determinanten

Ein quadratisches Schema mit n Zeilen und n Spalten nennt man Determinante.

Zweireihige Determinante:

$\begin{vmatrix} a_1 & b_1 \\ a_2 & b_2 \end{vmatrix}$

Neben-   Haupt-
diagonale   diagonale

Dreireihige Determinante:

$\begin{vmatrix} a_1 & b_1 & c_1 \\ a_2 & b_2 & c_2 \\ a_3 & b_3 & c_3 \end{vmatrix}$

> Eine Determinante wird berechnet, indem man vom Produkt der Zahlen in der Hauptdiagonale das Produkt der Zahlen in der Nebendiagonale subtrahiert:
> $$\begin{vmatrix} a_1 & b_1 \\ a_2 & b_2 \end{vmatrix} = a_1 \cdot b_2 - a_2 \cdot b_1$$

Beispiel: 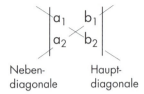 $= 6 \cdot (-4) - (-2) \cdot 3 = -24 + 6 = -18$

Die Berechnungsregel lässt sich auch bei mehrreihigen Determinanten anwenden. Die Berechnungsweise nennt man Sarrusregel.

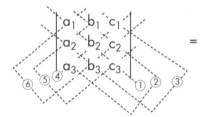

Produkt ① + Produkt ② + Produkt ③
− Produkt ④ − Produkt ⑤ − Produkt ⑥

$a_1 b_2 c_3 + b_1 c_2 a_3 + c_1 a_2 b_3$
$- a_3 b_2 c_1 - a_2 b_1 c_3 - a_1 b_3 c_2$

> Bei der **drei**reihigen Determinante müssen in jedem Produkt **drei** Faktoren sein!

Beispiel:

$\begin{vmatrix} 6 & 2 & -3 \\ -4 & 1 & 5 \\ 3 & 8 & -2 \end{vmatrix}$
$= 6 \cdot 1 \cdot (-2) + 2 \cdot 5 \cdot 3 + (-3) \cdot (-4) \cdot 8 - 3 \cdot 1 \cdot (-3) - (-4) \cdot 2 \cdot (-2) - 6 \cdot 8 \cdot 5$
$= {-12} + 30 + 96 + 9 - 16 - 240$
$= -133$

Lineare Gleichungsysteme mit zwei Variablen

$$\begin{array}{l}(1) \mid a_1x + b_1y + c_1 = 0 \\ \wedge\ (2) \mid a_2x + b_2y + c_2 = 0\end{array}$$ **Lineares Gleichungssystem**

Es gibt fünf verschiedene Lösungsverfahren:
- Gleichsetzverfahren
- Einsetzverfahren
- Additionsverfahren
- Graphisches Verfahren
- Determinantenverfahren

Am folgenden Beispiel werden alle fünf Lösungsverfahren vorgerechnet.

TIPP: Verwende stets das Verfahren, welches dir am günstigsten erscheint.

Beispiel:
$$\begin{array}{l}(1) \mid -3x + 4y - 15 = 0 \\ \wedge\ (2) \mid 2x + 5y - 13 = 0\end{array}$$

1. Gleichsetzverfahren

Beide Gleichungen werden nach einer Variablen (z. B. y) aufgelöst und dann werden die Variablen „gleichgesetzt":

$$\begin{array}{l}(1) \mid -3x + 4y - 15 = 0 \\ \wedge\ (2) \mid 2x + 5y - 13 = 0\end{array}$$

(1) $-3x + 4y - 15 = 0$ $/+3x + 15$
$\qquad 4y = 3x + 15\ /: 4$
(3) $\quad y = \frac{3}{4}x + \frac{15}{4}$

(2) $2x + 5y - 13 = 0$ $/-2x + 13$
$\qquad 5y = -2x + 13\ /: 5$
(4) $\quad y = -\frac{2}{5}x + \frac{13}{5}$

(3) = (4): $\frac{3}{4}x + \frac{15}{4} = -\frac{2}{5}x + \frac{13}{5}$

$\qquad\qquad \frac{3}{4}x + \frac{2}{5}x = \frac{13}{5} - \frac{15}{4}$

$\qquad\qquad \frac{15}{20}x + \frac{8}{20}x = \frac{52}{20} - \frac{75}{20}$

$\qquad\qquad \frac{23}{20}x = -\frac{23}{20}\ /\cdot \frac{20}{23}$

$\qquad\quad$ (5) $x = -1$

(5) in (3): $y = \frac{3}{4}\cdot(-1) + \frac{15}{4}$
$\qquad\qquad y = 3$
$\Rightarrow \mathbb{L} = \{(-1/3)\}$

2. Einsetzverfahren

Eine Gleichung wird nach einer Variablen (z. B. x) aufgelöst und diese setzt man dann in die andere Gleichung ein.

(1) $-3x + 4y - 15 = 0$
∧ (2) $2x + 5y - 13 = 0$

aus (2): $2x = -5y + 13$

(3) $x = -\frac{5}{2}y + \frac{13}{2}$

(3) in (1):

$$-3\left(-\frac{5}{2}y + \frac{13}{2}\right) + 4y - 15 = 0$$

$$\frac{15}{2}y - \frac{39}{2} + 4y - 15 = 0$$

$$\frac{23}{2}y = \frac{69}{2} \quad | \cdot \frac{2}{23}$$

(4) $y = 3$

(4) in (3): $x = -\frac{5}{2} \cdot 3 + \frac{13}{2}$

$x = -1$

⇒ $\mathbb{L} = \{(-1/3)\}$

3. Additionsverfahren

Die Gleichungen müssen so umgeformt werden, dass bei einer Variablen (z. B. x) gleiche Koeffizienten (Beizahlen) mit verschiedenen Vorzeichen entstehen. Bei der Addition der beiden Gleichungen fällt dann diese Variable weg.

(1) $-3x + 4y - 15 = 0 \;/\; \cdot 2 \rightarrow$ (3) $\boxed{-6}x + 8y - 30 = 0$
∧ (2) $2x + 5y - 13 = 0 \;/\; \cdot 3 \rightarrow$ (4) $\boxed{6}x + 15y - 39 = 0$

(3) + (4): $23y - 69 = 0$
$23y = 69$
(5) $y = 3$

(5) in (2): $2x + 5 \cdot 3 - 13 = 0$
$2x + 2 = 0$
$x = -1$

⇒ $\mathbb{L} = \{(-1/3)\}$

Das Additionsverfahren lässt sich auch als Subtraktionsverfahren anwenden (siehe Beispiel auf Seite 57)

4. Graphisches Verfahren

Beide Gleichungen werden nach der Variablen y aufgelöst. Die so entstandenen Gleichungen können dann als Geraden gezeichnet werden, deren Schnittpunkt die Lösungsmenge $\mathbb{L}$ ist.

(1) $-3x + 4y - 15 = 0$ Aus (1): $4y = 3x + 15 \; / : 4$
$\wedge$ (2) $2x + 5y - 13 = 0$ $g_1: y = \frac{3}{4}x + \frac{15}{4}$

Aus (2): $5y = -2x + 13 \; / : 5$
$g_2: y = -\frac{2}{5}x + \frac{13}{5}$

$g_1 \cap g_2 = \{S\}$

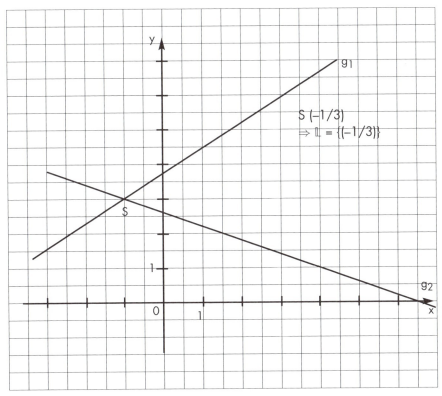

$S\,(-1/3)$
$\Rightarrow \mathbb{L} = \{(-1/3)\}$

Anwendungsbeispiel:

Die beiden Freunde Gerd und Peter wohnen 40 km voneinander entfernt. An einem schönen Sommertag beschließen sie, eine Fahrradtour zu machen. Sie wollen sich unterwegs treffen und dann gemeinsam weiterfahren. Gerd fährt mit einer durchschnittlichen Geschwindigkeit von 15 km/h, Peter mit 18 km/h. Peter fährt erst eine halbe Stunde später als Gerd ab.
Wie viele Stunden und wie viele Kilometer fährt jeder bis zum Treffpunkt?
Löse zuerst graphisch (x-Achse: 10 km ≙ 2 cm, y-Achse: 1 Stunde ≙ 2 cm) und dann rechnerisch.

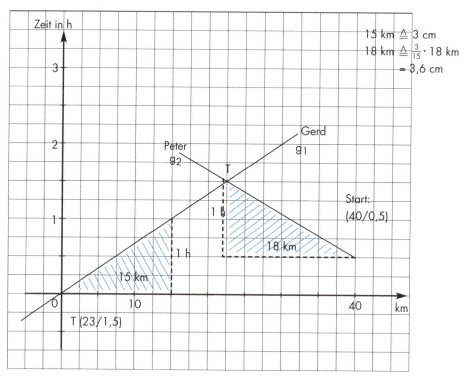

Rechnerische Lösung:
Bestimmung der Geradengleichung g_1 für Gerd:

Steigung $m_1 = \frac{1}{15}$

Er startet am Nullpunkt $t = 0$

Gerd g_1: $y = \frac{1}{15} x$

Bestimmung der Geradengleichung g_2 für Peter:

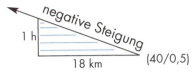

Peter fährt Gerd entgegen:
Steigung $m_2 = -\frac{1}{18}$
Er startet am Punkt (40/0,5), also liegt der Punkt auf der Geraden g_2.

Peter g_2: $y = -\frac{1}{18}x + t$

(40/0,5) in die Geradengleichung g_2 einsetzen:

$$0,5 = -\frac{1}{18} \cdot 40 + t$$
$$0,5 = -\frac{20}{9} + t \quad | +\frac{20}{9}$$
$$t = 2,72$$

Peter g_2: $y = -\frac{1}{18}x + 2,72$

Der Schnittpunkt von g_1 und g_2 ist der Treffpunkt T:

$$g_1 \cap g_2 = \{T\}$$
$$\frac{1}{15}x = -\frac{1}{18}x + 2,72$$
$$\frac{1}{15}x + \frac{1}{18}x = 2,72$$
$$0,12x = 2,72 \quad |: 0,12$$
$$x = 22,67 \text{ (km von Gerd)}$$

$x = 22,67$ in eine der beiden Gleichungen einsetzen

$y = \frac{1}{15} \cdot 22,67$
$y = 1,51$ (Zeit von Gerd)

Kilometer und Zeit von Peter:
```
  40,00 km       1,51 h
- 22,67 km     - 0,50 h
─────────      ────────
  17,33 km       1,01 h
```

Antwort:
Gerd fährt bis zum Treffpunkt 22,67 km in 1,51 Stunden. Peter fährt bis zum Treffpunkt 17,33 km in 1,01 Stunden.

Wie wird die Aufgabe gelöst, wenn auf der x-Achse die Stunden und auf der y-Achse die Kilometer angetragen werden?

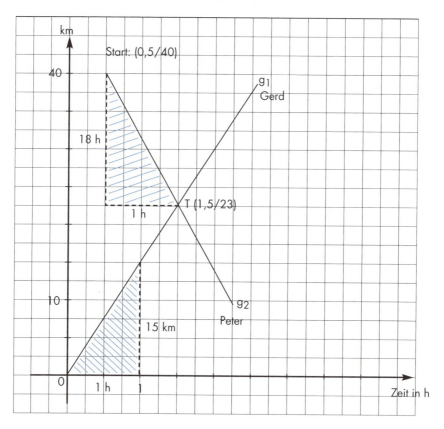

Rechnerische Lösung:
Bestimmung der Geradengleichung g_1 für Gerd.

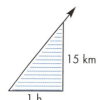

Steigung $m_1 = \frac{15}{1} = 15$
Start am Nullpunkt: $t = 0$
Gerd g_1: $y = 15x$

Bestimmung der Geradengleichung g_2 für Peter:

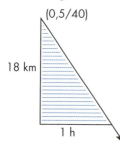

Peter fährt Gerd entgegen:
Steigung $m_2 = -18$
Peter: g_2: $y = -18x + t$

$$40 = -18 \cdot 0{,}5 + t$$
$$t = 49$$
$$g_2: y = -18x + 49$$
$$g_1 \cap g_2 = \{T\}$$
$$15x = -18x + 49$$
$$33x = 49$$
$$x = 1{,}48 \text{ (Zeit von Gerd)}$$

$x = 1{,}48$ in g_1 einsetzen
$y = 15 \cdot 1{,}48$
$y = 22{,}2$ (km von Gerd)

Wegen der gerundeten Zahlenwerte erhält man nicht die exakt gleichen Ergebnisse.

5. Determinantenverfahren

$$\begin{matrix}(1)\\ \wedge\,(2)\end{matrix} \left|\begin{matrix}a_1\,x + b_1\,y = c_1\\ a_2\,x + b_2\,y = c_2\end{matrix}\right. \quad D_N = \begin{vmatrix}a_1 & b_1\\ a_2 & b_2\end{vmatrix} \quad D_x = \begin{vmatrix}c_1 & b_1\\ c_2 & b_2\end{vmatrix} \quad D_y = \begin{vmatrix}a_1 & c_1\\ a_2 & c_2\end{vmatrix}$$

Cramersche Regel: $\quad x = \dfrac{D_x}{D_N} \quad\quad y = \dfrac{D_y}{D_N}$

Das Gleichungssystem hat

Rechnung	Zeichnung	
genau eine Lösung, wenn $D_N \neq 0$	g_2 / g_1	Die beiden Geraden schneiden sich
keine Lösung, wenn $D_N = 0$ und $D_x \neq 0$ oder $D_y \neq 0$	g_2 / g_1	Die beiden Geraden sind zueinander parallel
unendlich viele Lösungen, wenn $D_N = D_x = D_y = 0$	$g_1 = g_2$	Die beiden Geraden fallen zusammen

Beispiel:

$$\wedge \begin{vmatrix} -3x + 4y - 15 = 0 \\ 2x + 5y - 13 = 0 \end{vmatrix} \quad \xrightarrow{\text{Umformung}} \quad \wedge \begin{vmatrix} -3x + 4y = 15 \\ 2x + 5y = 13 \end{vmatrix}$$

$$D_N = \begin{vmatrix} -3 & 4 \\ 2 & 5 \end{vmatrix} = -15 - 8 = -23$$

$$D_x = \begin{vmatrix} 15 & 4 \\ 13 & 5 \end{vmatrix} = 75 - 52 = 23$$

$$D_y = \begin{vmatrix} -3 & 15 \\ 2 & 13 \end{vmatrix} = -39 - 30 = -69$$

$$x = \frac{23}{-23} = -1 \qquad y = \frac{-69}{-23} = 3$$

$$\Rightarrow \mathbb{L} = \{(-1/3)\}$$

Lineare Ungleichungssysteme mit zwei Variablen

Lineare Ungleichungen
Jede Gerade g zerlegt die Zeichenebene in zwei Halbebenen $\mathbb{H}_1$ und $\mathbb{H}_2$. Die Gerade g wird dann als Randgerade der Halbebenen bezeichnet.

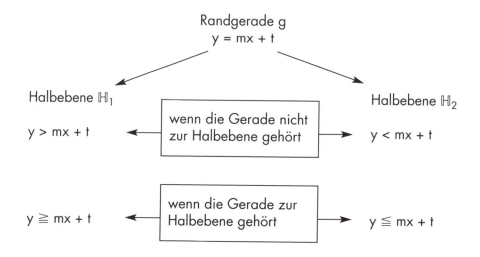

Beispiel:

① $y > \frac{1}{2}x + 3$ ② $y < \frac{1}{2}x + 3$

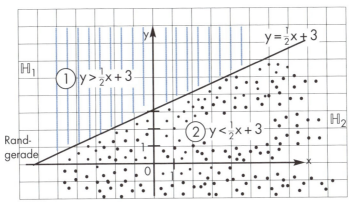

Lineare Ungleichungssysteme

Die Lösungsmenge ist die Schnittmenge der einzelnen Lösungsmengen.

Beispiele:

1. $\quad y < -\frac{1}{2}x + 1 \quad\quad \wedge \quad\quad y > \frac{3}{4}x - 2 \quad\quad \wedge \quad\quad y > -\frac{3}{2}x - 3$

$\mathbb{L} = \quad\quad \mathbb{L}_1 \quad\quad\quad \cap \quad\quad\quad \mathbb{L}_2 \quad\quad\quad \cap \quad\quad\quad \mathbb{L}_3$

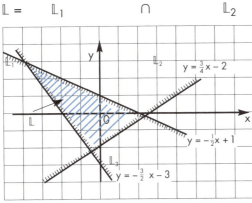

2. $L = \{(x/y) \mid y \leq -2x+6 \land y > -\frac{1}{3}x - 2 \land y < \frac{1}{2}x + 2 \land y \geq \frac{4}{3}x - 3\}_{\mathbb{Q} \times \mathbb{Q}}$

$\mathbb{L} = \quad \mathbb{L}_1 \quad \cap \quad \mathbb{L}_2 \quad \cap \quad \mathbb{L}_3 \quad \cap \quad \mathbb{L}_4$

Randgeraden, die zur Halbebene gehören, müssen deutlich gekennzeichnet werden.
Randpunkte auf der Randgeraden, die nicht zur Lösungsmenge gehören, müssen durch eine Intervallklammer (offenes Intervall) gekennzeichnet werden.

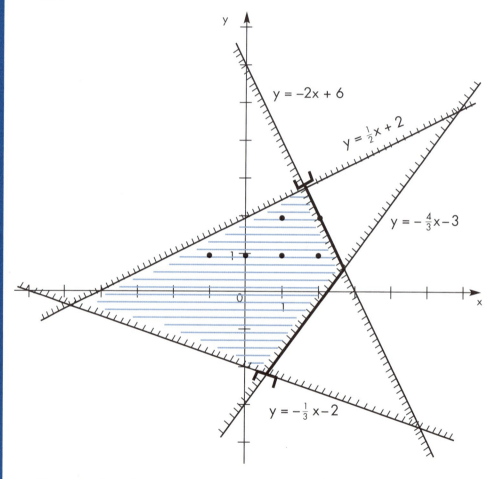

Wäre die Grundmenge $\mathbb{Z} \times \mathbb{N}$, so würde man als Lösungsmenge die gekennzeichneten Punkte

(1/2)   (2/2)

erhalten.

(−1/1) (0/1) (1/1) (2/1)

$\mathbb{L} = \{(-1/1); (0/1); (1/1); (2/1); (1/2); (2/2)\}$

Lineares Optimieren

In Industrie und Wirtschaft müssen sehr oft Produktions- und andere Organisationsprobleme gelöst werden.
Mathematisch kann man solche Probleme durch lineare Ungleichungssysteme erfassen. Mithilfe einer Zielfunktion (Zielgleichung, Zielgeraden) lässt sich dann das Problem „optimal" lösen.

Musterbeispiel:
Ein Fahrradhändler will beim Großhandel zwei verschiedene Fahrradtypen bestellen und dafür höchstens 4200 € ausgeben. Der Einkaufspreis eines Fahrrades Typ A beträgt 600 €, ein Fahrrad Typ B kostet nur 200 €.
Vom Typ B möchte er höchstens 4-mal so viel und mindestens doppelt so viel wie vom Typ A.
Er bietet die Fahrräder als Sonderangebot an und verdient am Typ A 5 % und am Typ B 7,5 % des Einkaufspreises.

1. Wie viele Fahrräder beider Typen muss er bestellen, wenn nach dem Verkauf aller Fahrräder der Gewinn möglichst groß sein soll?
2. Wie hoch ist dann der Gesamtgewinn?
3. Wie viele Fahrräder von jedem Typ hat er verkauft, wenn sein Gewinn genau 225 € beträgt?

Lösung:
Anzahl der Fahrräder Typ A: x
Anzahl der Fahrräder Typ B: y

Einkaufspreis für beide Fahrräder: $600x + 200y \leq 4200$
Höchstens 4-mal so viel vom Typ B: $y \leq 4 \cdot x$
Mindestens 2-mal so viel vom Typ B: $y \geq 2 \cdot x$

$\mathbb{L} = \{(x/y) \mid 600x + 200y \leq 4200 \land y \leq 4x \land y \geq 2x\}$

Diese drei Ungleichungen begrenzen die Fläche, in der die Lösungspaare (x/y) liegen (in der Graphik im Planungsdreieck OP_1P_2).

$$\begin{aligned} 600x + 200y &\leq 4200 \\ 200y &\leq -600x + 4200 \quad |:200 \\ y &\leq -3x + 21 \end{aligned}$$

Ermittlung des Gesamtgewinns G:

5 % von 600 € sind 30 €
7,5 % von 200 € sind 15 €

$$\begin{aligned} G &= 30x + 15y \\ 15y &= -30x + G \quad |:15 \\ y &= -2x + \frac{G}{15} \end{aligned}$$ **Zielgleichung**

Das ist eine Gerade mit der Steigung −2. Je größer der Ordinatenabschnitt $\frac{G}{15}$ ist, desto größer ist auch der Gewinn. Den größten Ordinatenabschnitt erhält man, wenn man im Punkt P_2 eine Gerade mit der Steigung −2 zeichnet. Diese Gerade schneidet die y-Achse bei 18.

Das bedeutet: $\frac{G}{15} = 18 \Rightarrow G = 270$ €

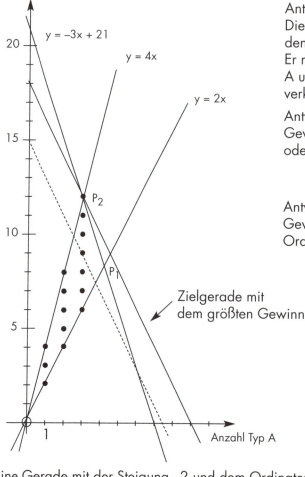

Antwort 1:
Die Zielgerade verläuft durch den Punkt P_2 (3/12).
Er muss also 3 Fahrräder Typ A und 12 Fahrräder Typ B verkaufen.

Antwort 2:
Gewinn: 270 € (siehe oben)
oder G = 3 · 30 + 12 · 15 €
 G = 90 + 180 €
 G = 270 €

Antwort 3:
Gewinn 225 € $\Rightarrow$
Ordinatenabschnitt = $\frac{225}{15}$ = 15

Eine Gerade mit der Steigung −2 und dem Ordinatenabschnitt 15 verläuft durch den Punkt (3/9). Sie verläuft parallel zur Zielgeraden und ist in der Graphik „gestrichelt" eingezeichnet.
Probe:
Gewinn G = 3 · 30 € + 9 · 15 €
 G = 90 € + 135 €
 G = 225 €

Die Menge der reellen Zahlen ℝ

Rationale Zahlen und irrationale Zahlen

Rationale Zahlen ℚ

Ganze Zahlen, endliche und unendlich periodische Dezimalbrüche:

Beispiele:

4; –2; $\frac{3}{4}$; 1,3; –0,$\overline{6}$; 3$\frac{1}{8}$; –5,01$\overline{4}$; 0,0101

Irrationale Zahlen 𝕁

Zahlen, die nicht durch einen Bruch dargestellt werden können (unendliche Dezimalbrüche ohne Periode):

$\sqrt{2}$; $-\sqrt{18}$; $\frac{\sqrt{5}}{\sqrt{3}}$; π; $\frac{1}{2} \cdot \sqrt{6}$

$$\mathbb{Q} \cup \mathbb{J} = \mathbb{R}$$

Die Menge der rationalen Zahlen ℚ vereinigt mit der Menge der irrationalen Zahlen 𝕁 ergibt die Menge der reellen Zahlen ℝ.

Alle Rechengesetze (z. B. Kommutativgesetz, Assoziativgesetz, Distributivgesetz) gelten auch in der Zahlenmenge ℝ (Permanenzprinzip).

Quadratwurzeln

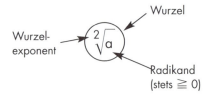

Wurzelexponent → Wurzel → $\sqrt[2]{a}$ ← Radikand (stets ≧ 0)

Vereinfachte Schreibweise:

$\sqrt[2]{a} = \sqrt{a}$

Die Quadratwurzel aus a ($\sqrt[2]{a}$) mit a ≧ 0 ist die nicht negative Lösung der Gleichung $x^2 = a$.

Es gilt stets:

$(\sqrt{a})^2 = \sqrt{a^2} = |a|$ Das Ergebnis muss eindeutig positiv sein!

Stimmen Wurzelexponent und der Exponent des Radikanden überein, so erhält man die Basis des Radikanden.

Beispiele:
1. $\sqrt{9} = \sqrt{3^2} = 3$
2. $\sqrt{\frac{16}{25}} = \sqrt{(\frac{4}{5})^2} = \frac{4}{5}$
3. $\sqrt{0{,}36} = \sqrt{\frac{36}{100}} = \sqrt{(\frac{6}{10})^2} = \frac{6}{10} = \frac{3}{5}$
4. $\sqrt{(-3)^2} = |-3| = 3$

Der Radikand darf niemals negativ sein.

Kommt im Radikanden eine Variable vor, so muss eine Definitionsmenge $\mathbb{D}$ bestimmt werden. In ihr liegen alle Elemente, für die der Radikand ≥ 0 ist.

Beispiele:
Bestimme jeweils die Definitionsmenge $\mathbb{D}$.

1. $\sqrt{2x}$ $2x \geq 0 \mid :2$
   $x \geq 0$ $\Rightarrow \mathbb{D} = \{x \mid x \geq 0\}$

2. $\sqrt{5-3x}$ $5 - 3x \geq 0 \mid : -5$
   $-3x \geq -5 \mid : (-3)$
   $x \leq \frac{5}{3}$ $\Rightarrow \mathbb{D} = \{x \mid x \leq \frac{5}{3}\}$

3. $\sqrt{(2x-1)(3x+6)}$
   $(2x-1) \cdot (3x+6) \geq 0$
   $2x - 1 \geq 0 \wedge 3x + 6 \geq 0$ $\vee$ $2x - 1 \leq 0 \wedge 3x + 6 \leq 0$
   $x \geq \frac{1}{2} \wedge \quad x \geq -2$ $\vee$ $x \leq \frac{1}{2} \wedge \quad x \leq -2$
   $x \geq \frac{1}{2}$ $\vee$ $x \leq -2$
   $\Rightarrow \mathbb{D} = \{x \mid x \leq -2 \vee x \geq \frac{1}{2}\}$

Wurzeln n-ten Grades

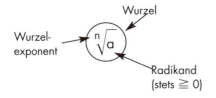

Für n = 3 erhält man die Kubikwurzel.

Die n-te Wurzel aus ($\sqrt[n]{a}$) mit a $\geq$ 0 ist die nicht negative Lösung der Gleichung x^n = a.

Es gilt stets: $(\sqrt[n]{a})^n = \sqrt[n]{a^n} = \sqrt[n]{a^n} = a$

Näherungsweises Berechnen von Quadratwurzeln

$\sqrt{20}$ = ?

1. Intervallschachtelung

Durch eine Intervallschachtelung wird versucht, den Wert von $\sqrt{20}$ immer enger einzugrenzen. Das erste Intervall liegt zwischen zwei ganzen Zahlen. Jedes folgende Intervall hat stets nur den 10. Teil der Größe des vorhergehenden Intervalls. Diese Grenzwerte findet man durch geschickte Überlegung: Das Quadrat des linken Grenzwertes muss kleiner als 20 sein, das Quadrat des rechten Grenzwertes muss größer als 20 sein.

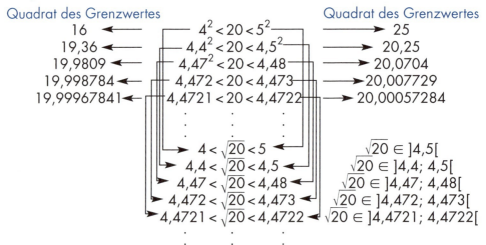

⇒ Der Wert von $\sqrt{20}$ liegt zwischen 4,4721 und 4,4722.
Anzeige am eTR: $\sqrt{20}$ = 4,472135955 . . .

2. Iterationsverfahren von HERON

$\sqrt{a}$ wird nach folgender Formel bestimmt:

$$x_{n+1} = \frac{1}{2}\left(x_n + \frac{a}{x_n}\right)$$

Für den Startwert x_1 sollte gelten $x_1^2 < 20$, wobei $x_1 \in \mathbb{N}$ ist.

Beispiel: $\sqrt{20}$ = ?

Der Wert von $\sqrt{20}$ soll genau bestimmt werden, dass der Unterschied zwischen zwei aufeinander folgenden Näherungswerten kleiner als 0,00001 ist.
Startwert $x_1 = 4$ (weil $4^2 = 16 < 20$)

$x_2 = \frac{1}{2}\left(4 + \frac{20}{4}\right) = 4{,}5$ \qquad\qquad $|4{,}5 - 4| = 0{,}5$

$x_3 = \frac{1}{2}\left(4{,}5 + \frac{20}{4{,}5}\right) = 4{,}472222$ \qquad $|4{,}472222 - 4{,}5| = 0{,}027778$

$x_4 = \frac{1}{2}\left(4{,}472222 + \frac{20}{4{,}472222}\right) = 4{,}472136$ \qquad $|4{,}472136 - 4{,}472222| = 0{,}000092$

$x_5 = \frac{1}{2}\left(4{,}472136 + \frac{20}{4{,}472136}\right) = 4{,}472136$ \qquad $|4{,}472136 - 4{,}472136| = 0$

⇒ Auf 6 Stellen gerundet:

$\sqrt{20}$ = 4,472136

Rechengesetze für Wurzeln

Ⓐ Quadratwurzeln **Ⓑ n-te Wurzeln**

Wurzeln mit gleichen Radikanden und gleichen Wurzelexponenten lassen sich zusammenfassen:

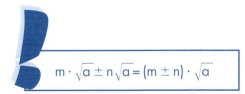

$m \cdot \sqrt{a} \pm n\sqrt{a} = (m \pm n) \cdot \sqrt{a}$

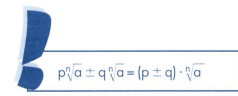

$p\sqrt[n]{a} \pm q\sqrt[n]{a} = (p \pm q) \cdot \sqrt[n]{a}$

Wurzeln mit verschiedenen Radikanden lassen sich **nicht** durch Zusammenfassen der Radikanden umformen:

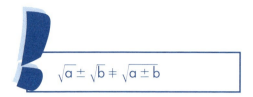 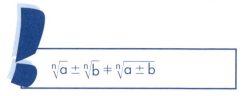

Wurzeln werden multipliziert bzw. dividiert, in dem man die Radikanden multipliziert bzw. dividiert:

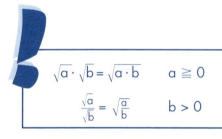 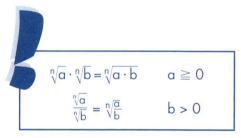

Wurzeln werden potenziert, indem man den Radikanden potenziert:

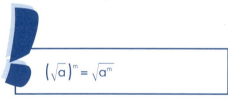 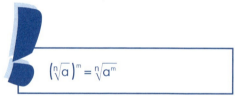

Wurzeln werden radiziert, indem man die Wurzelexponenten multipliziert:

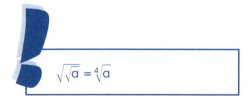 

Beispiele:
1. $3\sqrt{5} - 2\sqrt{11} + 1{,}5\sqrt{5} + 7\sqrt{11} - 6\sqrt{5} = -1{,}5\sqrt{5} + 5\sqrt{11}$
2. $\sqrt{6} + \sqrt[3]{6}$ lässt sich nicht zusammenfassen!
3. $\sqrt{3} - \sqrt{2}$ lässt sich nicht zusammenfassen!
4. $\sqrt{2} \cdot \sqrt{5} \cdot \sqrt{10} = \sqrt{2 \cdot 5 \cdot 10} = \sqrt{100} = 10$
5. $\sqrt[3]{4} \cdot \sqrt[3]{16} = \sqrt[3]{4 \cdot 16} = \sqrt[3]{64} = 4$ (weil $4^3 = 64$)

6. $\dfrac{\sqrt{13}}{\sqrt{6,5}} = \sqrt{\dfrac{13}{6,5}} = \sqrt{2}$

7. $\sqrt{2} \cdot (\sqrt{8} - 3 \cdot \sqrt{32}) = \sqrt{2} \cdot \sqrt{8} - 3 \cdot \sqrt{2} \cdot \sqrt{32} = \sqrt{16} - 3\sqrt{64} = 4 - 3 \cdot 8 = 4 - 24 = -20$

8. $(\sqrt{5} - 2\sqrt{20})^2 = (\sqrt{5})^2 - 4\sqrt{100} + (2\sqrt{20})^2 = 5 - 4 \cdot 10 + 4 \cdot 20 = 45$

9. $(\sqrt[3]{8})^2 = \sqrt[3]{8^2} = \sqrt[3]{64} = \sqrt[3]{4^3} = 4$

10. $\sqrt[3]{\sqrt[4]{4096}} = \sqrt[12]{4096} = \sqrt[12]{2^{12}} = 2$

Termumformungen mit Quadratwurzeln

1. Teilweises Radizieren

Kann der Radikand in ein Produkt zerlegt werden, in dem wenigstens ein Faktor eine Quadratzahl ist, so kann man aus diesem Faktor die Wurzel ziehen.

Beispiele:

1. $\sqrt{32} = \sqrt{16 \cdot 2} = 4 \cdot \sqrt{2}$
2. $\sqrt{8a^3b^5} = \sqrt{4 \cdot 2 \cdot a^2 \cdot a \cdot b^4 \cdot b} = 2 \cdot a \cdot b^2 \sqrt{2ab}$
3. $\sqrt{192(4x^2 - 12xy + 9y^2)} = \sqrt{64 \cdot 3 \cdot (2x - 3y)^2} = 8(2x - 3y)\sqrt{3}$

Man kann auch Wurzeln n-ten Grades teilweise radizieren. Wenigstens ein Faktor des Produktes muss eine Potenz sein, deren Exponent mit dem Wurzelexponenten übereinstimmt oder ein ganzzahliges Vielfaches von ihm ist.

Beispiele:

1. $\sqrt[3]{45} = \sqrt[3]{27 \cdot 2} = \sqrt[3]{3^3 \cdot 2} = 3\sqrt[3]{2}$
2. $\sqrt[5]{64 \cdot a^6 \cdot b^{11}} = \sqrt[5]{2^5 \cdot 2 \cdot a^5 \cdot a \cdot b^{10} \cdot b} = 2ab^2 \sqrt[5]{2ab}$
3. $\sqrt[4]{1250 \cdot (x+y)^5 \cdot m^9 \cdot n^3} = \sqrt[4]{625 \cdot 2 \cdot (x+y)^4 \cdot (x+y)^1 \cdot m^8 \cdot m^1 \cdot n^3}$
   $= \sqrt[4]{5^4 \cdot 2 \cdot (x+y)^4 \cdot (x+y) \cdot m^8 \cdot m \cdot n^3} = 5m^2(x+y)\sqrt[4]{2mn^3(x+y)}$

2. Rationalmachen des Nenners

Der Bruch wird so erweitert, dass im Nenner das Quadrat der Wurzel steht bzw. der Radikand eine Quadratzahl ist.

87

Beispiele:

1. $\dfrac{6}{\sqrt{3}} = \dfrac{6 \cdot \sqrt{3}}{\sqrt{3} \cdot \sqrt{3}} = \dfrac{6\sqrt{3}}{(\sqrt{3})^2} = \dfrac{6}{3}\sqrt{3} = 2\sqrt{3}$

   Erweitern mit $\sqrt{3}$

2. $\dfrac{3x}{\sqrt{5y}} = \dfrac{3x\sqrt{5y}}{\sqrt{5y} \cdot \sqrt{5y}} = \dfrac{3x\sqrt{5y}}{(\sqrt{5y})^2} = \dfrac{3x\sqrt{5y}}{5y}$

3. $\dfrac{5}{\sqrt{12}} = \dfrac{5\sqrt{12}}{\sqrt{12} \cdot \sqrt{12}} = \dfrac{5\sqrt{12}}{\sqrt{12}^2} = \dfrac{5\sqrt{4 \cdot 3}}{12} = \dfrac{10\sqrt{3}}{12} = \dfrac{5}{6}\sqrt{3}$

   oder auch so:

   $\dfrac{5}{\sqrt{12}} = \dfrac{5\sqrt{3}}{\sqrt{12} \cdot \sqrt{3}} = \dfrac{5\sqrt{3}}{\sqrt{36}} = \dfrac{5}{6}\sqrt{3}$

4. Diese Methode lässt sich auch auf n-te Wurzeln anwenden:

   $\dfrac{2ab}{\sqrt[7]{a^2 b^3}} = \dfrac{2ab \cdot \sqrt[7]{a^5 b^4}}{\sqrt[7]{a^2 b^3} \cdot \sqrt[7]{a^5 b^4}} = \dfrac{2ab \cdot \sqrt[7]{a^5 b^4}}{\sqrt[7]{a^7 b^7}} = \dfrac{2ab \cdot \sqrt[7]{a^5 b^4}}{\sqrt[7]{a^7} \cdot \sqrt[7]{b^7}}$

   $= \dfrac{2ab \cdot \sqrt[7]{a^5 b^4}}{a \cdot b} = 2\sqrt[7]{a^5 b^4}$

Steht im Nenner eine zweigliedrige Summe bzw. Differenz mit Wurzeln, so wird durch Anwendung der dritten binomischen Formel der Nenner rational gemacht.

Beispiele:

1. $\dfrac{\sqrt{2}-1}{2-\sqrt{3}} = \dfrac{(\sqrt{2}-1)(2+\sqrt{3})}{(2-\sqrt{3})(2+\sqrt{3})} = \dfrac{2\sqrt{2}+\sqrt{6}-2-\sqrt{3}}{4-3} = 2\sqrt{2}+\sqrt{6}-2-\sqrt{3}$

   $(a-b) \cdot (a+b) \longrightarrow a^2 - b^2$

2. $\dfrac{3\sqrt{5}-2}{4\sqrt{2}+\sqrt{5}} = \dfrac{(3\sqrt{5}-2)(4\sqrt{2}-\sqrt{5})}{(4\sqrt{2}+\sqrt{5})(4\sqrt{2}-\sqrt{5})} = \dfrac{12\sqrt{10}-3\cdot 5 - 4\cdot 2 + \sqrt{10}}{16\cdot 2 - 5}$

   $= \dfrac{13\sqrt{10}-23}{27}$

Wurzeln und Potenzen

Jede Wurzel kann als Potenz dargestellt werden.
Dabei gilt:
- Der Radikand ist die Basis der Potenz
- Der Exponent ist ein Bruch. Der Zähler des Bruches ist der Exponent des Radikanden, der Nenner ist der Wurzelexponent.

$$\sqrt[n]{a^m} = a^{\frac{m}{n}}$$

Mit diesem Zusammenhang gelten für die Wurzeln auch die Potenzgesetze!

Beispiele:
1. $\sqrt[5]{3^4} = 3^{\frac{4}{5}}$

   Berechnung der Potenz mit dem eTR:

   $\boxed{3}\ \boxed{y^x}\ \boxed{(}\ \boxed{4}\ \boxed{\div}\ \boxed{5}\ \boxed{)}\ \boxed{=}$ ⟶ 2,41

   Berechnung der Wurzel mit dem eTR:

   $\boxed{3}\ \boxed{y^x}\ \boxed{4}\ \boxed{=}\ \boxed{y^x}\ \boxed{5}\ \boxed{\frac{1}{x}}\ \boxed{=}$ ⟶ 2,41

Lerne diese Berechnung mit deinem eigenen Taschenrechner, denn viele Taschenrechner unterscheiden sich bei der Tasteneingabe.

2. Schreibe als Wurzel:
   $4^{\frac{5}{7}} = \sqrt[7]{4^5}$; $(2a)^{\frac{3}{4}} = \sqrt[4]{(2a)^3} = \sqrt[4]{8a^3}$

   Mit der Hilfe der Potenzschreibweise lassen sich nun auch Wurzeln mit verschiedenen Wurzelexponenten multiplizieren:
   $$\sqrt[n]{a} \cdot \sqrt[m]{a} = a^{\frac{1}{n}} \cdot a^{\frac{1}{m}} = a^{\frac{1}{n}+\frac{1}{m}} = a^{\frac{m+n}{n \cdot m}} = \sqrt[n \cdot m]{a^{m+n}}$$

$$\sqrt[n]{a} \cdot \sqrt[m]{a} = \sqrt[n \cdot m]{a^{m+n}}$$

Diese Formel gilt nur, wenn beide Radikanden die Hochzahl 1 haben. Andernfalls muss ausführlich gerechnet werden!

Beispiele:

1. $\sqrt[3]{2} \cdot \sqrt[5]{2} = 2^{\frac{1}{3}} \cdot 2^{\frac{1}{5}} = 2^{\frac{5}{15}} \cdot 2^{\frac{3}{15}} = 2^{\frac{8}{15}} = \sqrt[15]{2^8}$

2. Rechne ausführlich:
$\sqrt[5]{3^4} \cdot \sqrt[2]{3} : \sqrt[3]{3^2} = 3^{\frac{4}{5}} \cdot 3^{\frac{1}{2}} : 3^{\frac{2}{3}} = 3^{\frac{24}{30}} \cdot 3^{\frac{15}{30}} : 3^{\frac{20}{30}} = 3^{\frac{24+15-20}{30}} = 3^{\frac{19}{30}} = \sqrt[30]{3^{19}}$

3. Fasse so weit wie möglich zusammen. Schreibe das Ergebnis mit einer Wurzel (Wurzelexponent 2) und ohne negative Hochzahlen!

$$\sqrt[3]{\frac{x^{-2} \cdot \sqrt{y}}{x^{\frac{2}{3}} \cdot y^{-1}}} \cdot x^{\frac{8}{9}} = \left(\frac{x^{-2} \cdot y^{\frac{1}{2}}}{x^{\frac{2}{3}} \cdot y^{-1}}\right)^{\frac{1}{3}} \cdot x^{\frac{8}{9}} = \frac{x^{-\frac{2}{3}} \cdot y^{\frac{1}{6}} \cdot x^{\frac{8}{9}}}{x^{\frac{2}{9}} \cdot y^{-\frac{1}{3}}}$$

$$= x^{-\frac{2}{3}} \cdot y^{\frac{1}{6}} \cdot x^{\frac{8}{9}} \cdot x^{-\frac{2}{9}} \cdot y^{\frac{1}{3}} = \underbrace{x^{-\frac{12}{18}} \cdot x^{\frac{16}{18}} \cdot x^{-\frac{4}{18}}}_{x^0 = 1} \cdot y^{\frac{3}{18}} \cdot y^{\frac{6}{18}}$$

$$= y^{\frac{9}{18}} = y^{\frac{1}{2}} = \sqrt[2]{y^1} = \sqrt{y}$$

4. Fasse so weit wie möglich zusammen. Schreibe das Ergebnis ohne Wurzeln in der Form $(a^n \cdot b^m)^k$ mit $n, m \in \mathbb{N}; k \in \mathbb{Q}$

$$a^{\frac{3}{4}} \cdot b^{-2} \cdot \sqrt[4]{b^5 a} \cdot \sqrt{b^6 \cdot \sqrt[3]{a^2} : a^{-\frac{1}{2}}}$$

$$= a^{\frac{3}{4}} \cdot b^{-2} \cdot b^{\frac{5}{4}} \cdot a^{\frac{1}{4}} \cdot (b^6 \cdot a^{\frac{2}{3}} \cdot a^{\frac{1}{2}})^{\frac{1}{2}}$$

$$= a^{\frac{3}{4}} \cdot b^{-2} \cdot b^{\frac{5}{4}} \cdot a^{\frac{1}{4}} \cdot b^3 \cdot a^{\frac{1}{3}} \cdot a^{\frac{1}{4}}$$

$$= a^{\frac{3}{4}} \cdot a^{\frac{1}{4}} \cdot a^{\frac{1}{3}} \cdot a^{\frac{1}{4}} \cdot b^{-2} \cdot b^{\frac{5}{4}} \cdot b^3$$

$$= a^{\frac{9}{12}} \cdot a^{\frac{3}{12}} \cdot a^{\frac{4}{12}} \cdot a^{\frac{3}{12}} \cdot b^{-\frac{24}{12}} \cdot b^{\frac{15}{12}} \cdot b^{\frac{36}{12}}$$

$$= a^{\frac{19}{12}} \cdot b^{\frac{27}{12}}$$

$$= (a^{19} \cdot b^{27})^{\frac{1}{12}}$$

Die quadratische Funktion

Normalparabel und allgemeine Parabel

Der Graph einer quadratischen Funktion heißt Parabel, den höchsten (bzw. tiefsten) Punkt nennt man Scheitel.

Die Funktion $y = ax^2$

Der Scheitel S liegt im Ursprung $\Rightarrow$ S (0/0), a nennt man Öffnungsfaktor.

Für $a = \pm 1$ erhält man die Normalparabel (kann mit der Schablone gezeichnet werden). Die Schablone kann man nur verwenden, wenn im Koordinatensystem 1 Längeneinheit (1 LE) 1 cm ist.

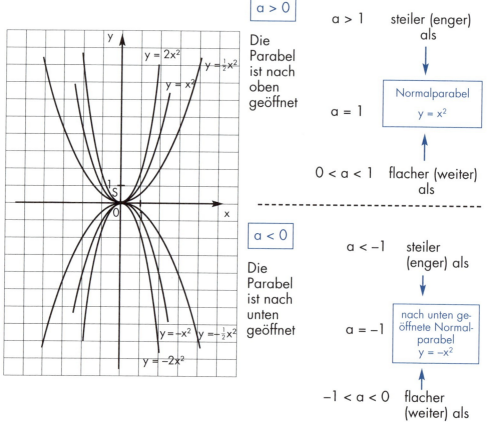

Die Funktion $y = ax^2 + bx + c$

Der Scheitel S liegt nicht im Ursprung. Man unterscheidet:

Berechnung der Scheitelkoordinaten

$p: y = ax^2 + bx + c$

$S\left(-\dfrac{b}{2a}\,\bigg|\,c - \dfrac{b^2}{4a}\right)$

Scheitelkoordinaten

$p: y = x^2 + px + q$

$S\left(-\dfrac{p}{2}\,\bigg|\,q - \dfrac{p^2}{4}\right)$

Beispiele:

1. $y = -\dfrac{1}{2}x^2 + 3x - 2$ (nach unten geöffnet)

   $S\left(-\dfrac{3}{-1}\,\bigg|\,-2 - \dfrac{9}{-2}\right)$

   $S\,(3/2{,}5)$

   Zeichnung mithilfe einer Wertetabelle:

x	0	1	2	3	4	5	6
y	-2	0,5	2	2,5	2	0,5	-2

2. $y = x^2 + 2x - 1$ (nach oben geöffnet)

   $S\left(-\dfrac{2}{2}\,\bigg|\,-1 - \dfrac{4}{4}\right)$

   $S\,(-1/-2)$

   Man muss nur den Scheitel einzeichnen und die Schablone anlegen.

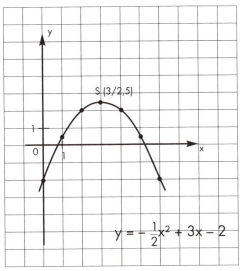

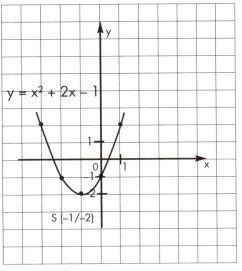

Der Scheitel kann auch mit Hilfe der quadratischen Ergänzung bestimmt werden.

Beispiel:

$y = -\frac{1}{2}x^2 + 3x - 2$

$y = -\frac{1}{2}[x^2 - 6x + 4]$

$y = -\frac{1}{2}[x^2 - 6x + \mathbf{3^2} - \mathbf{3^2} + 4]$

$y = -\frac{1}{2}[(x-3)^2 - 5]$

$y = -\frac{1}{2}(x-3)^2 + 2{,}5$
$\qquad\quad\downarrow ①\quad\ \downarrow ②$

$S(+3 / +2{,}5)$

Lösungsschritte:

1. Faktor bei x^2 ausklammern
2. Quadratische Ergänzung
3. Binom und zusammenfassen
4. Eckige Klammer auflösen
5. Scheitel richtig ablesen

① Zeichen wird geändert
② Zeichen wird übernommen

Zeichnen einer allgemeinen Parabel ohne Wertetabelle

Der Scheitel der Parabel muss stets berechnet werden. Da dieser Scheitel auf der Symmetrieachse der Parabel liegt, muss man rechts und links vom Scheitel die Parabelpunkte symmetrisch eintragen.

Faktor bei x^2 positiv ⟶ nach oben abtragen

Faktor bei x^2 negativ ⟶ nach unten abtragen

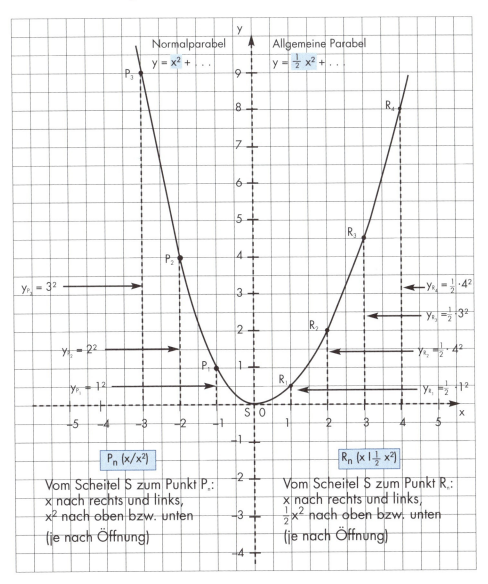

Musterbeispiel:

Zeichne die Parabel p: $y = -\frac{1}{3}x^2 - \frac{2}{3}x + \frac{11}{3}$ ohne Wertetabelle.

Zuerst muss der Scheitel bestimmt werden:

$y = -\frac{1}{3}x^2 - \frac{2}{3}x + \frac{11}{3}$

$y = -\frac{1}{3}[x^2 + 2x - 11]$

$y = -\frac{1}{3}[x^2 + 2x + 1^2 - 1^2 - 11]$

$y = -\frac{1}{3}[(x + 1)^2 - 12]$

$y = -\frac{1}{3}(x + 1)^2 + 4$ $\Rightarrow$ S (–1/4)

Jetzt wird vom Scheitel aus symmetrisch gezeichnet:

x nach rechts und links und dann $\frac{1}{3}x^2$ nach unten [z. B. P_3 (3 nach links, $\frac{1}{3} \cdot 3^2 = 3$ nach unten); P_4' (4 nach rechts, $\frac{1}{3} \cdot 4^2 = 5{,}33$ nach unten); P_5' (5 nach rechts, $\frac{1}{3} \cdot 5^2 = 8{,}33$ nach unten)].

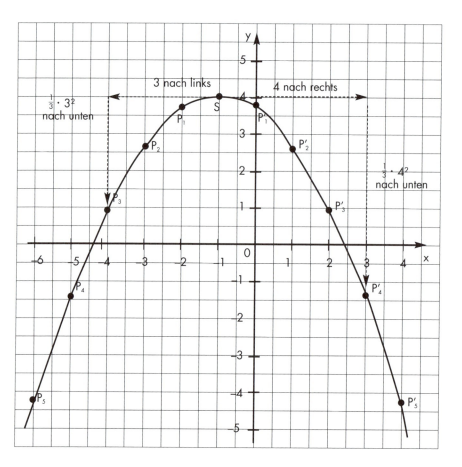

Allgemeine Form und Scheitelform

Jede allgemeine Form einer quadratischen Funktion lässt sich in die Scheitelform überführen.

$y = ax^2 + bx + c$ —Umformung durch quadrat. Ergänzung→ $y = a(x - x_S)^2 + y_S$ wobei $S(x_S/y_S)$

Allgemeine Form **Scheitelform**

Mit gegebenem Scheitel lässt sich auch die Parabelgleichung aufstellen.

Beispiel:

Bestimme die Gleichung einer nach unten geöffneten Normalparabel mit dem Scheitel $S(-1,5/3,5)$.

$y = -(x + 1,5)^2 + 3,5$ (nach unten geöffnet ⇒ Minuszeichen vor die Klammer!)
$y = -(x^2 + 3x + 2,25) + 3,5$
$y = -x^2 - 3x - 2,25 + 3,5$
$y = -x^2 - 3x + 1,25$

Definitions- und Wertemenge; Symmetrie

Für alle Parabeln gilt: $\mathbb{D} = \mathbb{R}$

Alle Parabeln sind achsensymmetrisch

Aus den Scheitelkoordinaten lassen sich die Wertemenge und die Gleichung der Symmetrieachse ablesen.

$$p: y = ax^2 + bx + c$$

$$p: y = a(x - x_S)^2 + y_S$$
$$S(x_S/y_S)$$

Gleichung der Symmetrieachse:

$x = x_S$

$a > 0 \quad \mathbb{W} = \{y \mid y \geq y_S\}$
$a < 0 \quad \mathbb{W} = \{y \mid y \leq y_S\}$

Beispiel:

Bestimme $\mathbb{D}$, $\mathbb{W}$ und die Gleichung der Symmetrieachse.

p: $y = -\frac{1}{4}x^2 + x - 2$
$y = -\frac{1}{4}[x^2 - 4x + 8]$
$y = -\frac{1}{4}[x^2 - 4x + 2^2 - 2^2 + 8]$
$y = -\frac{1}{4}[(x - 2)^2 + 4]$
$y = -\frac{1}{4}(x - 2)^2 - 1 \quad \Rightarrow S\,(2/-1)$

$\Rightarrow \mathbb{D} = \mathbb{R}$
$\mathbb{W} = \{y \mid y \leq -1\}$
Symmetrieachse: $x = 2$

Aufstellen von Parabelgleichungen

Lösungsschema:

Man setzt entweder in die allgemeine Form oder in die Scheitelform (entsprechend der Aufgabenstellung und der gegebenen Werte) die Koordinaten der Punkte bzw. die gegebenen Werte ein und erhält eine Gleichung mit einer Variablen oder zwei Gleichungen mit zwei Variablen. Die Lösung erfolgt nach einem der bekannten Verfahren.

Beispiele:

1. Bestimme die Gleichung der nach unten geöffneten Normalparabel durch die Punkte A (1/2) und B (4/−1).
   p: $y = -x^2 + px + q$ Aufpassen! Minuszeichen nicht vergessen!

   A in p eingesetzt: $2 = -1^2 + p \cdot 1 + q$ (1) $\;2 = -1 + p + q$
   (1) $2 = -1 + p + q$ $\wedge$ (2) $\;-1 = -16 + 4p + q \;/\cdot(-1)$

   B in p eingesetzt: $-1 = -4^2 + p \cdot 4 + q$ (1) $\;2 = -1 + p + q$
   (2) $-1 = -16 + 4p + q$ (3) $\;1 = 16 - 4p - q$

   $\qquad\qquad\qquad\qquad\qquad\qquad$ (1) + (3) $3 = 15 - 3p\;/-15$
   $\qquad\qquad\qquad\qquad\qquad\qquad\qquad -12 = -3p \quad /:(-3)$
   $\qquad\qquad\qquad\qquad\qquad\qquad\qquad$ (4) $p = 4$
   $\qquad\qquad\qquad\qquad\qquad\qquad$ (4) in (1): $2 = -1 + 4 + q$
   $\qquad\qquad\qquad\qquad\qquad\qquad\qquad\qquad q = -1$

Die Parabel p hat die Gleichung p: $y = -x^2 + 4x - 1$

2. Eine Normalparabel mit der Wertemenge $W(y) = \{y \mid y \leq 3\}$ verläuft durch den Punkt R (–3/–1). Bestimme die Gleichung der Parabel.

$W(y) = \{y \mid \leq 3\}$ ⇒ Die Parabel ist nach unten geöffnet.
  ⇒ $a = -1$ (Normalparabel)
  ⇒ $y_S = 3$

Man muss die gegebenen Werte in die Scheitelform $y = a(x - x_S)^2 + y_S$ einsetzen:

p: $\quad y = -(x - x_S)^2 + 3$

$R \in p$: $\quad -1 = -(-3 - x_S)^2 + 3 \quad | -3$

$\quad -4 = -(-3 - x_S)^2 \quad | \cdot (-1)$

$\quad 4 = (-3 - x_S)^2$

$\quad 4 = 9 + 6x_S + x_S^2$

$\quad x_S^2 + 6x_S + 5 = 0$

$x_{S_{1/2}} = -3 \pm \sqrt{9 - 5}$

$x_{S_1} = -3 + 2 = -1$ ⇒ $S_1(-1/3)$

$x_{S_2} = -3 - 2 = -5$ $\quad\quad S_2(-5/3)$

$p_1: y = -(x + 1)^2 + 3$ $\quad\quad p_2: y = -(x + 5)^2 + 3$

$p_1: y = -(x^2 + 2x + 1) + 3$ $\quad\quad p_2: y = -(x^2 + 10x + 25) + 3$

$p_1: y = -x^2 - 2x + 2$ $\quad\quad p_2: y = -x^2 - 10x - 22$

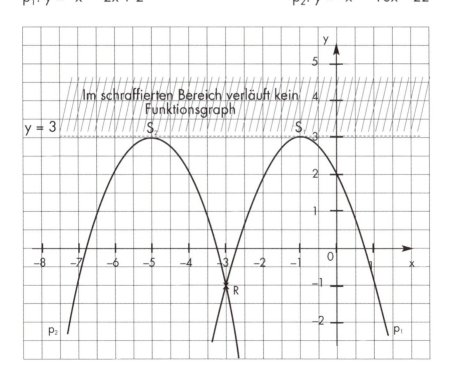

3. Die Punkte P_1 (–7/1) und P_2 (–1/–5) liegen auf der Parabel p: $y = ax^2 – 5x + c$.
   Bestimme die Gleichung der Parabel.
   p: $y = ax^2 – 5x + c$
   P_1 in p eingesetzt:
   $$1 = a \cdot (-7)^2 – 5 \cdot (-7) + c$$
   $$1 = 49a + 35 + c \; /-35$$
   (1) $-34 = 49a + c$

   P_2 in p eingesetzt:
   $$-5 = a \cdot (-1)^2 – 5 \cdot (-1) + c$$
   $$-5 = a + 5 + c \; |-5$$
   (2) $-10 = a + c$

   Die beiden Gleichungen mit zwei Variablen werden mit dem „Subtraktionsverfahren" gelöst.
   Man kann auch eine der beiden Gleichungen mit (–1) multiplizieren und löst dann mit dem „Additionsverfahren".

   (1) $\; -34 = 49a + c$
   $\wedge$ (2) $\; -10 = a + c$

   (1) – (2): $-24 = 48a \; | : 48$
   (3): $-\frac{1}{2} = a$

   (3) in (2):
   $-10 = -\frac{1}{2} + c \; | + \frac{1}{2}$
   $c = -9{,}5$

   p: $y = -\frac{1}{2}x^2 – 5x – 9{,}5$

4. Eine Parabel p mit dem Öffnungsfaktor $a = \frac{1}{4}$ hat die Symmetrieachse mit der Gleichung $x = 2$ und verläuft durch A (3/–3,75). Gib die Gleichung der Parabel in der allgemeinen Form an.
   Man beginnt mit der Scheitelform:
   $a = \frac{1}{4}$ $x_S = 2$
   p: $y = \frac{1}{4}(x – 2)^2 + y_S$
   A in p eingesetzt:
   $-3{,}75 = \frac{1}{4}(3 – 2)^2 + y_S$
   $-3{,}75 = 0{,}25 + y_S$
   $\phantom{-3{,}75 =} y_S = -4$
   p: $y = \frac{1}{4}(x – 2)^2 – 4$ Scheitelform
   $ y = \frac{1}{4}(x^2 – 4x + 4) – 4$
   $ y = \frac{1}{4}x^2 – x + 1 – 4$
   p: $y = \frac{1}{4}x^2 – x – 3$ Allgemeine Form

Schnittpunkte von Parabel und Gerade

Zeichnerisches „Schneiden" **bedeutet** Rechnerisches „Gleichsetzen"

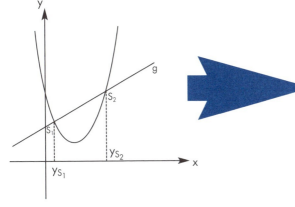

An den Schnittpunkten S_1 und S_2 ist der y-Wert der Parabel so groß wie der y-Wert der Geraden

$$y_p = y_g$$

p: $y = ax^2 + bx + c$ g: $y = mx + t$

$p \cap g \Rightarrow$ $ax^2 + bx + c = mx + t$

Beispiel:

Bestimme durch Zeichnung und Rechnung die Schnittpunkte A und B der Parabel p: $y = -x^2 - 2x + 1$ mit der Geraden g: $y = x + 1$

Zeichnung:

$y = -x^2 - 2x + 1$
$y = -[x^2 + 2x - 1]$
$y = -[x^2 + 2x + 1^2 - 1^2 - 1]$
$y = -[(x + 1)^2 - 2]$
$y = -(x + 1)^2 + 2$
   S $(-1/2)$

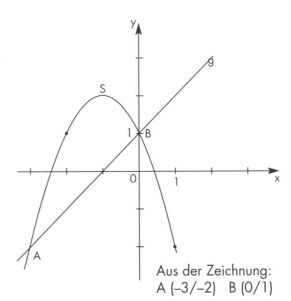

Aus der Zeichnung:
A $(-3/-2)$ B $(0/1)$

Rechnung:

$$p: y = -x^2 - 2x + 1 \qquad g: y = x + 1$$

$$-x^2 - 2x + 1 = x + 1 \qquad \text{Die beiden y-Werte gleichsetzen!}$$
$$-x^2 - 3x = 0$$

1. Möglichkeit (mit der Lösungsformel):

$-x^2 - 3x = 0 \quad | \cdot (-1)$
$x^2 + 3x = 0$
$p = 3 \qquad\qquad q = 0$
$D = \frac{3^2}{4} = \sqrt{\frac{9}{4}}$
$x_{1/2} = -\frac{3}{2} \pm \frac{3}{2}$
$x_1 = -\frac{3}{2} + \frac{3}{2} = 0$
$x_2 = -\frac{3}{2} - \frac{3}{2} = -3$

2. Möglichkeit (Ausklammern):

$-x^2 - 3x = 0$
$x(-x - 3) = 0$
$x = 0 \quad \vee \quad -x - 3 = 0 \quad |+3$
$x_1 = 0 \quad \vee \qquad -x = 3 \quad |\cdot (-1)$
$\qquad\qquad\qquad\qquad x_2 = -3$

Man erhält die zugehörigen y-Werte, wenn man die x-Werte in die Parabelgleichung oder Geradengleichung einsetzt:
$y_1 = 0 + 1 = 1$
$y_2 = -3 + 1 = -2$ $\quad \Rightarrow$ A (–3/–2) $\quad$ B (0/1)

Eine „besondere" Gerade ist die x-Achse, sie hat die Gleichung y = 0.

Die Nullstellen sind die Schnittpunkte eines Graphen mit der x-Achse. Für diesen Fall ist y = 0.

Beispiel:

Bestimme die Nullstellen der Parabel p: $y = \frac{1}{2}x^2 - 2x + 1$ durch Zeichnung und Rechnung.

Zeichnung:

$y = \frac{1}{2}x^2 - 2x + 1$
$y = \frac{1}{2}[x^2 - 4x + 2]$
$y = \frac{1}{2}[x^2 - 4x + 2^2 - 2^2 + 2]$
$y = \frac{1}{2}[(x-2)^2 - 2]$
$y = \frac{1}{2}(x-2)^2 - 1$
    S (2/-1)

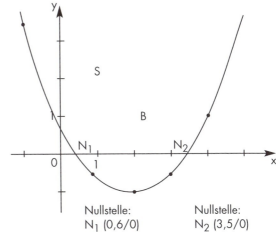

Nullstelle:
N_1 (0,6/0)

Nullstelle:
N_2 (3,5/0)

Rechnung:

$y = \frac{1}{2}x^2 - 2x + 1 \quad \wedge \quad y = 0$
$\frac{1}{2}x^2 - 2x + 1 = 0 \quad | \cdot 2$
$\quad x^2 - 4x + 2 = 0$
$D = \frac{16}{4} - 2$
$D = 2$
$x_{1/2} = 2 \pm \sqrt{2}$
$x_1 = 0{,}59 \qquad\qquad x_2 = 3{,}41$
N_1 (0,59/0) $\qquad N_2$ (3,41/0)

Besitzt eine Gerade mit einer Parabel nur einen gemeinsamen Punkt, dann ist die Gerade eine Tangente an die Parabel.
Beim Lösen der zugehörigen quadratischen Gleichung muss die Diskriminante D den Wert Null haben.

Tangentenbedingung: Diskriminante D = 0

Die Koordinaten des Berührpunktes B (x_B/y_B) erhält man mit der Formel
$x_{1/2} = -\frac{p}{2} \pm \sqrt{D}$.
Wegen $D = 0 \Rightarrow$ $\boxed{x_B = -\frac{p}{2}}$

y_B erhält man durch Einsetzen von x_B in die Parabelgleichung oder Geradengleichung.

Beispiele:

1. Überprüfe durch Rechnung, ob die Gerade g: $y = 2x + 1$ Tangente an die Parabel p: $y = x^2 + 4x + 2$ ist. Berechne die Koordinaten des Berührpunktes B.

   $p \cap g \Rightarrow x^2 + 4x + 2 = 2x + 1 \quad |-2x - 1$
   $\qquad x^2 + 2x + 1 = 0$
   $\qquad D = (\frac{2}{2})^2 - 1$
   $\qquad D = 0 \Rightarrow$ g ist Tangente an p

   Berechnung des Berührpunktes:
   $x_{1/2} = -\frac{2}{2} \pm \sqrt{0}$
   $x_B = -1$

   x_B in g eingesetzt:
   $y_B = 2 \cdot (-1) + 1$
   $y_B = -1 \Rightarrow B(-1/-1)$

2. Bestimme den Ordinatenabschnitt so, dass die Gerade $g_1 \in g(t): y = -\frac{3}{4}x + t$ Tangente an die Parabel p: $y = -\frac{1}{2}x^2 + 2x - 1$ ist.

   p n g (t):
   $-\frac{1}{2}x^2 + 2x - 1 = -\frac{3}{4}x + t \quad |+\frac{3}{4} - t$
   $-\frac{1}{2}x^2 + \frac{11}{4}x - 1 - t = 0 \quad | \cdot (-2)$
   $x^2 - \frac{11}{2}x + \underbrace{2 + 2t}_{} = 0$

   $p = -\frac{11}{2} \quad q = 2 + 2t$

   Tangentenbedingung: $D = 0$
   $\qquad D = (-\frac{11}{4})^2 - 2 - 2t$
   $\qquad D = \frac{121}{16} - \frac{32}{16} - 2t$
   $\qquad D = \frac{89}{16} - 2t$
   $D = 0 \Rightarrow \frac{89}{16} - 2t = 0$
   $\qquad\qquad -2t = -\frac{89}{16} \quad |:(-2)$
   $\qquad\qquad\quad t = \frac{89}{32} (= 2{,}78125)$

   $g_1: y = -\frac{3}{4}x + \frac{89}{32}$ ist Tangente an p.

Zusammenfassung

Eine Parabel p und eine Gerade g können drei verschiedene Lagen zueinander haben.

$p \cap g = \{S_1; S_2\}$	$p \cap g = \{B\}$	$p \cap g = \{\ \}$
Sie schneiden sich in zwei Punkten	Sie berühren sich in einem Punkt	Sie schneiden sich nicht
▼	▼	▼
g ist Parabelsekante	g ist Parabeltangente	g ist Parabelpassante

Bei der rechnerischen Bestimmung der Koordinaten der Schnittpunkte gilt für die Diskriminante D der zugehörigen quadratischen Gleichung:

D > 0	D = 0	D < 0

Schnittpunkte von Parabel und Parabel

$p_1: y = a_1x^2 + b_1x + c_1$ $\qquad\qquad$ $p_2: y = a_2x^2 + b_2x + c_2$

$p_1 \cap p_2 \Rightarrow \boxed{a_1x^2 + b_1x + c_1 = a_2x^2 + b_2x + c_2}$

Beispiel:

Bestimme die Schnittpunkte P und Q der Parabeln $p_1 : y = x^2 - 2x + 1$ und $p_2: y = -x^2 + 5$

$p_1 \cap p_2 \Rightarrow y_{P_1} = y_{P_2}$

$x^2 - 2x + 1 = -x^2 + 5 \mid {}^{+x^2}_{-5}$

$2x^2 - 2x - 4 = 0 \mid : 2$

$x^2 - x - 2 = 0$

$x_{1/2} = \frac{1}{2} \pm \sqrt{\frac{1}{4} + 2}$

$x_{1/2} = \frac{1}{2} \pm \frac{3}{2}$

$x_1 = -1 \qquad x_2 = 2$

Die beiden x-Werte werden jetzt in eine der beiden Parabelgleichungen eingesetzt:

in p_2:

$y_1 = -(-1)^2 + 5 = 4$

$y_2 = -(2)^2 + 5 = 1$

$\Rightarrow P(-1/4) \qquad Q(2/1)$

Abbildung von Parabeln

1. Verschiebung:

$$\vec{v} = \begin{pmatrix} v_x \\ v_y \end{pmatrix}$$

p $\xrightarrow{}$ p'

Bei einer Verschiebung bleibt die Öffnung der Parabel erhalten.
Es gibt zwei Möglichkeiten der Berechnung:

Verschiebung des Scheitels S und   Parameterverfahren und
Aufstellen der Scheitelform mit S'   Elimination des Parameters x

Für jeden beliebigen Punkt P auf der Parabel p: $y = ax^2 + bx + c$ gilt:
$P(x \mid ax^2 + bx + c)$

$x_{S'} = x_S + v_x$
$y_{S'} = y_S + v_y$ $\Rightarrow$ S' $(x_S' \mid y')$

$\boxed{p': y = a(x - x_{S'})^2 + y_{S'}}$

$\boxed{\begin{array}{l}(1)\ x' = x + v_x \Rightarrow \quad (3)\ x = x' - v_x \\ (2)\ y' = ax^2 + bx + c + v_y \\ \text{(3) in (2):} \\ p': y' = a(x' - v_x)^2 + b(x' - v_x) + c + v_y\end{array}}$

Beispiel:
p: $y = \frac{1}{2}x^2 + 2x + 3$ $\quad \vec{v} = \begin{pmatrix} 5 \\ -3 \end{pmatrix}$ $\quad$ p $\xrightarrow{\vec{v}}$ p'

1. Möglichkeit

Berechnung des Scheitels S:
$y = \frac{1}{2}x^2 + 2x + 3$
$y = \frac{1}{2}[x^2 + 4x + 6]$
$y = \frac{1}{2}[x^2 + 4x + 2^2 - 2^2 + 6]$
$y = \frac{1}{2}[(x + 2)^2 + 2]$
$y = \frac{1}{2}(x + 2)^2 + 1$
$\quad$ S $(-2/1)$

Berechnung des Scheitels S':
$x_{S'} = -2 + 5 = 3$
$y_{S'} = 1 - 3 = -2$

S' in die Scheitelform einsetzen:
p': $y = \frac{1}{2}(x - 3)^2 - 2$ $\quad$ Scheitelform
$\quad y = \frac{1}{2}(x^2 - 6x + 9) - 2$
p': $y = \frac{1}{2}x^2 - 3x + 2,5$ $\quad$ Allgemeine Form

2. Möglichkeit

Aufstellen der Abbildungsgleichungen
und die Gleichung (1) nach x auflösen:
(1) $x' = x + 5$ $\quad \Rightarrow \quad$ (3) $x = x' - 5$
(2) $y' = \frac{1}{2}x^2 + 2x + 3 - 3$

x eliminieren:
(3) in (2):
$y' = \frac{1}{2}(x' - 5)^2 + 2(x' - 5) + 3 - 3$
Vereinfachen:
$y' = \frac{1}{2}(x'^2 - 10x' + 25) + 2x' - 10$
$y' = \frac{1}{2}x'^2 - 5x' + 12,5 + 2x' - 10$
$y' = \frac{1}{2}x'^2 - 3x' + 2,5$
Umbenennen:
p': $y = \frac{1}{2}x^2 - 3x + 2,5$

2. Achsenspiegelung: $p \xrightarrow{g} p'$

Die Spiegelachse g ist eine der beiden Koordinatenachsen oder eine Parallele zu den Koordinatenachsen.

Achsenspiegelung an . . .

x-Achse Gleichung der Achse y = 0	Parallele zur x-Achse Gleichung der Achse: y = m	y-Achse Gleichung der Achse: x = 0	Parallele zur y-Achse Gleichung der Achse: x = m
Zuerst wird die Parabel p: $y = ax^2 + bx + c$ in die Scheitelform übergeführt $\Rightarrow$ p: $y = a(x + x_S)^2 + y_S \Rightarrow S(x_S/y_S)$			
Das Vorzeichen der Parabelöffnung a ändert sich.	Das Vorzeichen der Parabelöffnung a ändert sich.	Das Vorzeichen der Parabelöffnung a ändert sich nicht.	Das Vorzeichen der Parabelöffnung a ändert sich nicht.
$S(x_S/y_S)$ $S'(x_S/-y_S)$	$S(x_S/y_S)$ $S'(x_S \mid 2m - y_S)$ ⓧ	$S(x_S/y_S)$ $S'(-x_S/y_S)$	$S(x_S/y_S)$ $S'(2m - x_S/y_S)$
Beispiel: p: $y = -\frac{1}{2}(x + 2)^2 - 1$ $S(-2/-1) \Rightarrow S'(-2/1)$ p': $y = \frac{1}{2}(x + 2)^2 + 1$	*Beispiel:* p: $y = \frac{1}{3}(x - 1)^2 + 3$ Achse: y = -2 $S(1/3) \Rightarrow S'(1/-7)$ p': $y = -\frac{1}{3}(x - 1)^2 - 7$	*Beispiel:* p: $y = (x - 3)^2 + 1$ $S(3/1) \Rightarrow S'(-3/1)$ p': $y = (x + 3)^2 + 1$	*Beispiel:* p: $y = 2(x + 1)^2 + 5$ Achse: x = -2 $S(-1/5) \Rightarrow S'(-3/5)$ p': $y = 2(x + 3)^2 + 5$

ⓧ Siehe Seite 108

(x₁) Herleitung der Scheitelkoordinaten von S':

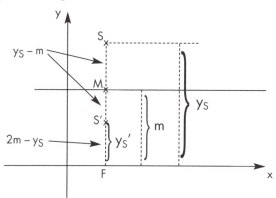

$\overline{SM} = \overline{MS'}$
$\overline{SM} = y_S - m$
→ $\overline{MS'} = y_S - m$ (wegen Achsenspiegelung)
→ $\overline{S'F} = y_{S'} = m - (y_S - m)$
$y_{S'} = m - y_S + m$
$y_{S'} = 2m - y_S$

Beispiel:
p: $y = -\frac{1}{2}x^2 - 3x - 2{,}5$ g: $y = -1{,}5$ p $\xrightarrow{g}$ p'

Gib die Gleichung von p' in der allgemeinen Form an.

Bestimmung der Koordinaten von S:
$y = -\frac{1}{2}x^2 - 3x - 2{,}5$
$y = -\frac{1}{2}[x^2 + 6x + 5]$
$y = -\frac{1}{2}[x^2 + 6x + 3^2 - 3^2 + 5]$
$y = -\frac{1}{2}[(x + 3)^2 - 4]$
$y = -\frac{1}{2}(x + 3)^2 + 2 \Rightarrow S(-3/2)$

Bestimmung der Koordinaten von S':
$x_{S'} = -3$ $y_{S'} = 2 \cdot (-1{,}5) - 2$ $\Rightarrow S(-3/-5)$
             $y_{S'} = -5$

> Das Vorzeichen des Öffnungsfaktors ändert sich!

p': $y = \frac{1}{2}(x + 3)^2 - 5$ Scheitelform
$y = \frac{1}{2}(x^2 + 6x + 9) - 5$
p': $y = \frac{1}{2}x^2 + 3x - 0{,}5$ Allgemeine Form

3. Zentrische Streckung:

Für die Öffnung der Parabel p' gilt:

p nach oben geöffnet   p' nach oben geöffnet
p nach unten geöffnet   k > 0   p' nach unten geöffnet

p nach oben geöffnet   p' nach unten geöffnet
p nach unten geöffnet   k < 0   p' nach oben geöffnet

Für den Öffnungsfaktor a' der Parabel p' gilt:

$$a' = \frac{a}{k}$$

Die Gleichung von p' kann bestimmt werden durch
I. Parameterverfahren
II. Berechnung des Scheitels S' und Aufstellen der Parabelgleichung mit $a' = \frac{a}{k}$

Beispiel:
p: $y = \frac{1}{2}x^2 + x + \frac{5}{2}$ Z (5/−1) $k = -\frac{2}{3}$ p $\xrightarrow{Z;\ k}$ p'

I. Parameterverfahren

Die Scheitelkoordinaten von S müssen nicht bestimmt werden.

Abbildungsgleichungen:

$$\overrightarrow{ZP'} = k \cdot \overrightarrow{ZP} \quad \Longrightarrow \quad \begin{pmatrix} x' - x_Z \\ y' - y_Z \end{pmatrix} = k \begin{pmatrix} x - x_Z \\ y - y_Z \end{pmatrix}$$

P $(x \mid \frac{1}{2}x^2 + x + \frac{5}{2})$ P' (x'|y')

$$\begin{pmatrix} x' - 5 \\ y' + 1 \end{pmatrix} = -\frac{2}{3} \begin{pmatrix} x & -5 \\ \frac{1}{2}x^2 + x + \frac{5}{2} & +1 \end{pmatrix}$$

$$\begin{pmatrix} x' - 5 \\ y' + 1 \end{pmatrix} = -\frac{2}{3} \begin{pmatrix} x & -5 \\ \frac{1}{2}x^2 + x + \frac{7}{2} \end{pmatrix}$$

$x' - 5 = -\frac{2}{3}(x - 5)$
$x' - 5 = -\frac{2}{3}x + \frac{10}{3}$
(1) $\quad x' = -\frac{2}{3}x + \frac{25}{3}$ $\Longrightarrow$ $\frac{2}{3}x = -x' + \frac{25}{3} \mid \cdot \frac{3}{2}$
$y' + 1 = -\frac{2}{3}(\frac{1}{2}x^2 + x + \frac{7}{2})$ (3) $x = -\frac{3}{2}x' + \frac{25}{2}$
$y' + 1 = -\frac{1}{3}x^2 - \frac{2}{3}x - \frac{7}{3}$
(2) $\quad y' = -\frac{1}{3}x^2 - \frac{2}{3}x - \frac{10}{3}$

(3) in (2): $y' = -\frac{1}{3}\left(-\frac{3}{2}x' + \frac{25}{2}\right)^2 - \frac{2}{3}\left(-\frac{3}{2}x' + \frac{25}{2}\right) - \frac{10}{3}$

$y' = -\frac{1}{3}\left(\frac{9}{4}x'^2 - \frac{150}{4}x' + \frac{625}{4}\right) + x' - \frac{25}{3} - \frac{10}{3}$

$y' = -\frac{3}{4}x'^2 + \frac{150}{12}x' - \frac{625}{12} + x' - \frac{35}{3}$

$y' = -\frac{3}{4}x'^2 + \frac{25}{2}x' - \frac{625}{12} + \frac{2}{2}x' - \frac{140}{12}$

$y' = -\frac{3}{4}x'^2 + \frac{27}{2}x' - \frac{765}{12}$

$y' = -\frac{3}{4}x'^2 + \frac{27}{2}x' - \frac{255}{4}$

Umbenennung: p': $y = -\frac{3}{4}x^2 + \frac{27}{2}x - \frac{255}{4}$

II. Mit S' und a' die Gleichung von p' aufstellen

Berechnung des Scheitels S:

$y = \frac{1}{2}x^2 + x + \frac{5}{2}$

$y = \frac{1}{2}\left[x^2 + 2x + 5\right]$

$y = \frac{1}{2}\left[x^2 + 2x + 1^2 - 1^2 + 5\right]$

$y = \frac{1}{2}\left[(x+1)^2 + 4\right]$

$y = \frac{1}{2}(x+1)^2 + 2 \quad \Rightarrow S(-1/2)$

Berechnung des Scheitels S': $\overrightarrow{ZS'} = k \cdot \overrightarrow{ZS}$

$\begin{pmatrix} x_{S'} - 5 \\ y_{S'} + 1 \end{pmatrix} = -\frac{2}{3}\begin{pmatrix} -1 - 5 \\ 2 + 1 \end{pmatrix}$

$\begin{pmatrix} x_{S'} - 5 \\ y_{S'} + 1 \end{pmatrix} = -\frac{2}{3}\begin{pmatrix} -6 \\ 3 \end{pmatrix}$

$\begin{pmatrix} x_{S'} - 5 \\ y_{S'} + 1 \end{pmatrix} = \begin{pmatrix} 4 \\ -2 \end{pmatrix}$

$x_{S'} - 5 = 4 \qquad y_{S'} + 1 = -2$
$\quad x_{S'} = 9 \qquad\qquad y_{S'} = -3 \quad \Rightarrow S' = (9/-3)$

Bestimmung der Öffnung a':

$a' = \frac{a}{k} \quad \rightarrow \quad a' = \frac{\frac{1}{2}}{-\frac{2}{3}} = \frac{1}{2} \cdot \left(-\frac{3}{2}\right) = -\frac{3}{4}$

Aufstellen der Parabelgleichung:

p': $y = -\frac{3}{4}(x-9)^2 - 3$

$y = -\frac{3}{4}(x^2 - 18x + 81) - 3$

$y = -\frac{3}{4}x^2 + \frac{27}{2}x - \frac{243}{4} - \frac{12}{4}$

$y = -\frac{3}{4}x^2 + \frac{27}{2}x - \frac{255}{4}$

Abbildungen von weiteren Funktionsgraphen im Buch „Leitfaden durch die Mathematik an der Realschule Band 3: Geometrie".

Quadratische Gleichungen und Ungleichungen; Wurzelgleichungen

Quadratische Gleichungen

Die reinquadratische Gleichung: $x^2 = c$

$c > 0$	$\Rightarrow$	2 Lösungen:	$\mathbb{L} = \{+\sqrt{c};\ -\sqrt{c}\}$
$c = 0$	$\Rightarrow$	1 Lösung:	$\mathbb{L} = \{0\}$
$c < 0$	$\Rightarrow$	keine Lösung:	$\mathbb{L} = \{\ \}$

Beispiel:
$x^2 = 15 \quad \mathbb{L} = \{+\sqrt{15};\ -\sqrt{15}\}$
$\qquad\qquad \mathbb{L} = \{3{,}87;\ -3{,}87\}$

Die unvollständig gemischtquadratische Gleichung: $ax^2 + bx = 0$ ($a \neq 0$)

$$ax^2 + bx = 0$$
$$x(ax + b) = 0 \qquad \text{Ausklammern von x}$$
$$x = 0 \ \lor\ ax + b = 0\ |-b \qquad \text{Ein Produkt hat den Wert Null, wenn ein Faktor Null ist!}$$
$$x = 0 \ \lor\ ax = -b\ |:a$$
$$x = -\tfrac{b}{a}$$

$\mathbb{L} = \{0;\ -\tfrac{b}{a}\}$ \quad Beachte: Eine Lösung dieser Gleichung hat stets den Wert Null!

Beispiel:
$-3x^2 + 12x = 0 \Rightarrow \mathbb{L} = \{0;\ -\tfrac{12}{-3}\}$
$\qquad\qquad\qquad\qquad \mathbb{L} = \{0;\ 4\}$

Die Normalform der vollständig gemischtquadratischen Gleichung: $x^2 + px + q = 0$

$x^2 + px + q = 0$ \qquad Normalform (Faktor bei x^2 ist 1)

$x_{1/2} = -\tfrac{p}{2} \pm \sqrt{\left(\tfrac{p}{2}\right)^2 - q}$ \qquad Den Term unter der Wurzel (Radikand) nennt man Diskriminante D.

Die Anzahl der Lösungen hängt vom Wert der Diskriminante D ab.

$D > 0$	$\Rightarrow$	2 Lösungen:	$\mathbb{L} = \{-\tfrac{p}{2} + \sqrt{D};\ -\tfrac{p}{2} - \sqrt{D}\}$
$D = 0$	$\Rightarrow$	1 Lösung:	$\mathbb{L} = \{-\tfrac{p}{2}\}$
$D < 0$	$\Rightarrow$	keine Lösung:	$\mathbb{L} = \{\ \}$

Beispiel:

$x^2 + x - 12 = 0$

a) Lösung mit der Formel

$x_{1/2} = -\frac{1}{2} \pm \sqrt{\left(\frac{1}{2}\right)^2 + 12}$

$x_{1/2} = -\frac{1}{2} \pm \sqrt{\frac{49}{4}}$

$x_{1/2} = -\frac{1}{2} \pm \frac{7}{2} \quad \Rightarrow \quad \mathbb{L} = \{3; -4\}$

b) Lösung mit der quadratischen Ergänzung

$$x^2 + x - 12 = 0$$
$$\underbrace{x^2 + x + \left(\tfrac{1}{2}\right)^2} - \underbrace{\left(\tfrac{1}{2}\right)^2 - 12} = 0 \qquad \text{Quadratische Ergänzung}$$
$$\left(x + \tfrac{1}{2}\right)^2 - \tfrac{49}{4} = 0 \qquad \text{1. Binom und Zusammenfassen}$$
$$\left(x + \tfrac{1}{2}\right)^2 = \tfrac{49}{4} \quad | \sqrt{}$$
$$x + \tfrac{1}{2} = \pm \tfrac{7}{2} \quad / -\tfrac{1}{2}$$
$$x = -\tfrac{1}{2} \pm \tfrac{7}{2} \quad \Rightarrow \quad \mathbb{L} = \{3; -4\}$$

Die allgemeine Form der quadratischen Gleichung: $ax^2 + bx + c = 0$

$ax^2 + bx + c = 0$

1. Möglichkeit

In die Normalform überführen (durch a dividieren) und dann mit der quadratischen Ergänzung oder mit der Formel lösen.

2. Möglichkeit

Mit dieser Formel lösen:

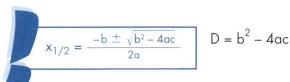

$$x_{1/2} = \frac{-b \pm \sqrt{b^2 - 4ac}}{2a} \qquad D = b^2 - 4ac$$

$D > 0 \quad \Rightarrow \quad$ 2 Lösungen: $\quad \mathbb{L} = \left\{\frac{-b + \sqrt{D}}{2a}; \frac{-b - \sqrt{D}}{2a}\right\}$

$D = 0 \quad \Rightarrow \quad$ 1 Lösung: $\quad \mathbb{L} = \left\{-\frac{b}{2a}\right\}$

$D < 0 \quad \Rightarrow \quad$ keine Lösung: $\quad \mathbb{L} = \{\ \}$

Beispiele:

1. $-\frac{1}{2}x^2 + 4x - 5 = 0$

    $x_{1/2} = \dfrac{-4 \pm \sqrt{16 - 4\left(-\frac{1}{2}\right) \cdot (-5)}}{2 \cdot \left(\frac{1}{2}\right)}$

    $x_{1/2} = \dfrac{-4 \pm \sqrt{16 - 10}}{-1}$

    $x_{1/2} = \dfrac{-4 \pm 2{,}45}{-1} \quad \Rightarrow \quad \mathbb{L} = \{6{,}45;\ 1{,}55\}$

2. Zwei Freunde unternehmen eine Wanderung von 11 km Länge. Dabei haben sie bei den ersten 5 km eine um 1 km größere Stundengeschwindigkeit als bei der Reststrecke. Wie groß sind jeweils die Geschwindigkeiten auf den Teilstrecken, wenn sie insgesamt $2\frac{1}{2}$ Stunden unterwegs sind?

    Geschwindkeit am Anfang: $\qquad\qquad x + 1\ |\ \frac{km}{h}$

    Geschwindigkeit auf der Reststrecke: $\qquad x \quad |\ \frac{km}{h}$

    1. Teilstrecke: $s_1 = 5$ km; Zeit t_1

    Reststrecke: $\quad s_2 = 6$ km; Zeit t_2

    $v = \frac{s}{t} \quad \Rightarrow \quad t = \frac{s}{v} \qquad\qquad\qquad t_1 + t_2 = t$

    $\dfrac{5}{x+1} + \dfrac{6}{x} = 2{,}5 \quad |\cdot x(x+1)$

    $5x + 6(x + 1) = 2{,}5x(x + 1)$

    $5x + 6x + 6 = 2{,}5x^2 + 2{,}5x$

    $2{,}5x^2 - 8{,}5x - 6 = 0$

    $x^2 - 3{,}4x - 2{,}4 = 0$

    $x_{1/2} = 1{,}7 \pm \sqrt{1{,}7^2 + 2{,}4}$

    $x_{1/2} = 1{,}7 \pm 2{,}3$

    $x_1 = 4 \qquad\qquad (x_2 = -0{,}6)$

    Geschwindigkeit am Anfang: $5\frac{km}{h}$

    Geschwindigkeit auf der Reststrecke: $4\frac{km}{h}$

3. Zwei natürliche Zahlen unterscheiden sich um 7. Berechne beide Zahlen, wenn ihr Produktwert 120 ist.

    $x \cdot (x + 7) = 120$

    $x^2 + 7x - 120 = 0$

    $x_{1/2} = -3{,}5 \pm \sqrt{3{,}5^2 + 120}$

    $x_{1/2} = -3{,}5 \pm 11{,}5$

    $x_1 = 8,\ (x_2 = -15) \notin \mathbb{N}$

    Die gesuchten Zahlen sind 8 und 15.

Die Lösungen einer quadratischen Gleichung entsprechen den Nullstellen einer quadratischen Funktion.

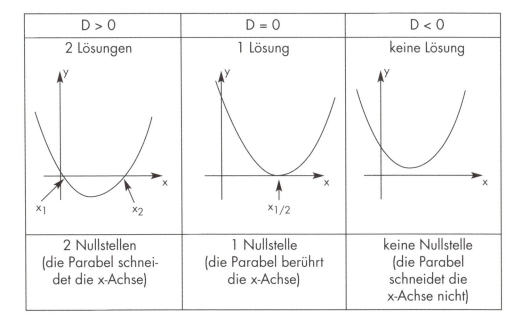

D > 0	D = 0	D < 0
2 Lösungen	1 Lösung	keine Lösung
2 Nullstellen (die Parabel schneidet die x-Achse)	1 Nullstelle (die Parabel berührt die x-Achse)	keine Nullstelle (die Parabel schneidet die x-Achse nicht)

Der Satz von Vieta

Die Gleichung muss in der **Normalform** stehen!

Sind x_1 und x_2 die Lösungen der quadratischen Gleichung $x^2 + px + q = 0$, so gilt folgender Zusammenhang:

quadratisches   lineares   konstantes (absolutes)
Glied der quadratischen Gleichung

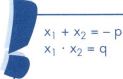
$x_1 + x_2 = -p$
$x_1 \cdot x_2 = q$

Die Summe der beiden Lösungen ist so groß wie der Faktor des linearen Gliedes mit umgedrehtem Vorzeichen. Das Produkt der beiden Lösungen ist so groß wie das konstante Glied.

Die Linearfaktorzerlegung (LFZ)

Sind x_1 und x_2 die Lösungen der quadratischen Gleichung $x^2 + px + q = 0$, so gilt:

$(x - x_1) \cdot (x - x_2) = 0$ **LFZ** (**L**inear**f**aktor**z**erlegung)

Beispiel:

Bestimme die quadratische Gleichung mit den Lösungen $x_1 = -2$ und $x_2 = 5$.

I. Möglichkeit	II. Möglichkeit
Vieta	LFZ

$$
\begin{aligned}
-2 + 5 &= -p \\
3 &= -p \quad |\cdot (-1) \\
p &= -3 \\
-2 \cdot 5 &= q \\
q &= -10
\end{aligned}
$$
$\Rightarrow x^2 - 3x - 10 = 0$

$$
\begin{aligned}
(x+2)(x-5) &= 0 \\
x^2 - 5x + 2x - 10 &= 0 \\
\Rightarrow x^2 - 3x - 10 &= 0
\end{aligned}
$$

Quadratische Ungleichungen

Graphisches Lösungsverfahren

Der Linksterm der quadratischen Ungleichung wird als Funktion dargestellt.

Beispiele:

$x^2 + x - 0{,}75 > 0$	$x^2 + x - 0{,}75 < 0$

$y = x^2 + x - 0{,}75 \;\land\; y > 0$

Die x-Werte, für die Funktionswerte oberhalb der x-Achse liegen ($y > 0$) sind die Lösungen der quadratischen Ungleichung.

$y = x^2 + x - 0{,}75 \;\land\; y < 0$

Die x-Werte, für die Funktionswerte unterhalb der x-Achse liegen ($y < 0$) sind die Lösungen der quadratischen Ungleichung.

In beiden Fällen bringt man die Funktion auf die Scheitelform und zeichnet die Parabel.

$$
\begin{aligned}
y &= x^2 + x - 0{,}75 \quad &\text{Normalform} \\
y &= x^2 + x + 0{,}5^2 - 0{,}5^2 - 0{,}75 \\
y &= (x + 0{,}5)^2 - 1 \quad &\text{Scheitelform}
\end{aligned}
$$

S$(-0{,}5/-1)$

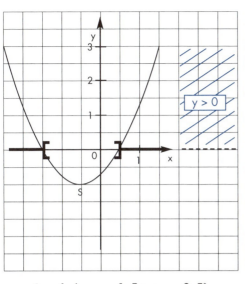
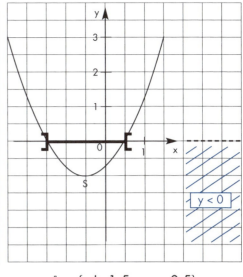

$\mathbb{L} = \{x \mid x < -1{,}5 \vee x > 0{,}5\}$

$\mathbb{L} = \{x \mid -1{,}5 < x < 0{,}5\}$

Rechnerisches Lösungsverfahren

Man bestimmt zuerst die Lösungen der zugehörigen quadratischen Gleichung und zerlegt dann die Gleichung in Linearfaktoren.

Beispiel:

Bestimme die Lösungsmenge der Ungleichungen
$x^2 + x - 0{,}75 > 0$ bzw. $x^2 + x - 0{,}75 < 0$.

$x^2 + x - 0{,}75 = 0$

$x_{1/2} = -0{,}5 \pm \sqrt{0{,}25 + 0{,}75}$

$x_{1/2} = 0{,}5 \pm 1$

$x_1 = -1{,}5 \qquad x_2 = 0{,}5$

$x^2 + x - 0{,}75 = (x + 1{,}5)(x - 0{,}5)$

$x^2 + x - 0{,}75 > 0$	$x^2 + x - 0{,}75 < 0$
$\Rightarrow (x + 1{,}5)(x - 0{,}5) > 0$	$\Rightarrow (x + 1{,}5)(x - 0{,}5) < 0$

Ein Produkt ist **positiv** (> 0), wenn beide Faktoren das **gleiche** Vorzeichen haben.

Ein Produkt ist **negativ** (< 0), wenn beide Faktoren **verschiedene** Vorzeichen haben.

$(x+1,5>0 \wedge x-0,5>0) \vee (x+1,5<0 \wedge x-0,5<0)$ | $(x+1,5>0 \wedge x-0,5<0) \vee (x+1,5<0 \wedge x-0,5>0)$

$\underbrace{(x>-1,5 \wedge x>0,5)}\ \vee\ \underbrace{(x<-1,5 \wedge x<0,5)}$ | $\underbrace{(x>-1,5 \wedge x<0,5)}\ \vee\ \underbrace{(x<-1,5 \wedge x>0,5)}$

$\quad x > 0,5 \quad \vee \quad x < -1,5$ | $\quad -1,5 < x < 0,5 \quad \vee \quad \emptyset$

$\mathbb{L} = \{x \mid x > 0,5 \vee x < -1,5\}$ | $\mathbb{L} = \{x \mid -1,5 < x < 0,5\}$

Wurzelgleichungen

Eine Wurzelgleichung liegt vor, wenn die Hauptvariable im Radikanden einer Wurzel vorkommt.

$3x - x\sqrt{5} = \sqrt{6} + \sqrt{2} \cdot x$ keine Wurzelgleichung!

$\sqrt{x} - 3 = \sqrt{-x+4} + 1$ Wurzelgleichung!

Lösungsschritte:

① Bestimmung der Definitionsmenge $\mathbb{D}_1$, $\mathbb{D}_2$, ... aller auftretenden Wurzelterme.

② Bestimmung der gemeinsamen Definitionsmenge $\mathbb{D} = \mathbb{D}_1 \cap \mathbb{D}_2 \cap ...$

③ Wurzel isolieren (Wurzel allein auf eine Seite der Gleichung bringen).

  Es gibt dann drei Grundtypen von Wurzelgleichungen:

  A: $T_1 = \sqrt{T_2}$ Durch einmaliges Quadrieren wird die Wurzel beseitigt.

  B: $\sqrt{T_1} = \sqrt{T_2}$ Durch einmaliges Quadrieren werden beide Wurzeln beseitigt.

  C: $\sqrt{T_1} + T_2 = \sqrt{T_3}$ Durch Quadrieren (Beachte das Binom!) bleibt eine Wurzel erhalten. Diese wird dann durch Isolieren und erneutes Quadrieren beseitigt.

④ Lösen der Gleichung.

⑤ **Probe** mit allen Lösungen durchführen.

⑥ Lösungsmenge $\mathbb{L}$ bestimmen (Definitionsmenge $\mathbb{D}$ beachten).

Beispiele:

Typ A: $T_1 = \sqrt{T_2}$

1. $\begin{aligned}12 &= \sqrt{2x-8} \quad |^2 \\ 144 &= 2x - 8 \quad |+8 \\ 152 &= 2x \quad |:2 \\ x &= 76\end{aligned}$

    Probe: $\begin{aligned}12 &= \sqrt{2 \cdot 76 - 8} \\ 12 &= \sqrt{154 - 8} \\ 12 &= 12 \quad (w) \Rightarrow \mathbb{L} = \{76\}\end{aligned}$

    Bestimmung der Definitionsmenge:
    $$2x - 8 \geq 0$$
    $$2x \geq 8$$
    $$x \geq 4$$
    $$\mathbb{D} = \{x \mid x \geq 4\}$$

Typ B: $\sqrt{T_1} = \sqrt{T_2}$

2. $\begin{aligned}\sqrt{15x+15} - \sqrt{6x-3} &= 0 \quad |+\sqrt{6x-3} \\ \sqrt{15x+5} &= \sqrt{6x-3} \quad |^2 \\ 15x + 5 &= 6x - 3 \quad |{}^{-6x}_{-5} \\ 9x &= -8 \\ x &= -\tfrac{8}{9} \\ &\notin \mathbb{D}\end{aligned}$
    $\Rightarrow \mathbb{L} = \{\ \}$

    Bestimmung der Definitionsmenge:

    $\begin{aligned}15x + 5 &\geq 0 \\ 15x &\geq -5 \\ x &\geq -\tfrac{1}{3}\end{aligned}$ $\qquad$ $\begin{aligned}6x - 3 &\geq 0 \\ 6x &\geq 3 \\ x &\geq \tfrac{1}{2}\end{aligned}$

    $\mathbb{D}_1 = \{x \mid x \geq -\tfrac{1}{3}\} \quad \mathbb{D}_2 = \{x \mid x \geq \tfrac{1}{2}\}$
    $\mathbb{D} = \mathbb{D}_1 \cap \mathbb{D}_2 = \{x \mid x \geq \tfrac{1}{2}\}$

Typ C: $\sqrt{T_1} + T_2 = \sqrt{T_3}$

3. $\begin{aligned}1 &= 2\sqrt{1-x} + \sqrt{x} \mid -\sqrt{x} \\ 1 - \sqrt{x} &= 2\sqrt{1-x} \\ (1-\sqrt{x})^2 &= 4(1-x) \\ 1 - 2\sqrt{x} + x &= 4 - 4x \\ -2\sqrt{x} &= 3 - 5x \mid ^2 \\ 4x &= (3-5x)^2 \\ 4x &= 9 - 30x + 25x^2\end{aligned}$

    $25x^2 - 34x + 9 = 0$

    $x_{1/2} = \dfrac{34 \pm \sqrt{(-34)^2 - 4 \cdot 25 \cdot 9}}{2 \cdot 25}$

    $x_1 = 1 \qquad x_2 = 0{,}36$

    Bestimmung der Definitionsmenge:
    $\mathbb{D}_1 = \{x \mid x \geq 0\} \quad \mathbb{D}_2 = \{x \mid x \leq 1\}$
    $\mathbb{D} = \mathbb{D}_1 \cap \mathbb{D}_2 = \{x \mid 0 \leq x \leq 1\}$

    $x_{1/2} = \dfrac{34 \pm \sqrt{256}}{50}$

    Beide Werte sind Elemente von $\mathbb{D}$

    Probe für $x_1 = 1$:
    $\begin{aligned}1 - \sqrt{1} &= 2 \cdot \sqrt{1-1} \\ 0 &= 2 \cdot 0 \ (w)\end{aligned}$
    $\Rightarrow \mathbb{L} = \{1\}$

    Probe für $x_2 = 0{,}36$
    $\begin{aligned}1 - \sqrt{0{,}36} &= 2 \cdot \sqrt{1 - 0{,}36} \\ 1 - 0{,}6 &= 2 \cdot 0{,}8 \\ 0{,}4 &= 1{,}6 \ (f)\end{aligned}$

Potenzfunktionen

Die Potenzfunktion $y = x^n$ mit $n \in \mathbb{N} \setminus \{1\}$

a) **Parabeln** gerader Ordnung (n ist eine gerade Zahl)

$y = x^n$

b) **Parabeln** ungerader Ordnung (n ist eine ungerade Zahl)

$y = x^n$

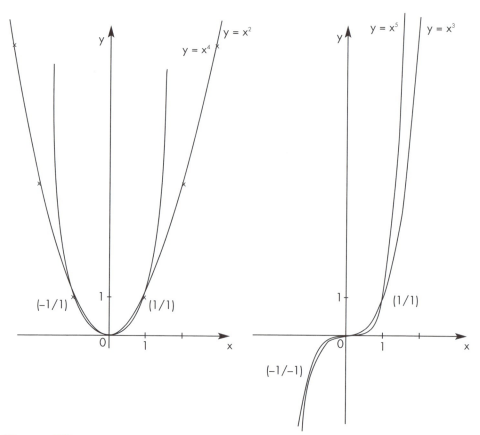

Kennzeichen

n ist eine gerade Zahl	n ist eine ungerade Zahl $\setminus \{1\}$
Die Graphen sind achsensymmetrisch zur y-Achse	Die Graphen sind punktsymmetrisch zum Ursprung
Alle Graphen verlaufen durch die Punkte (1/1) und (−1/1)	Alle Graphen verlaufen durch die Punkte (1/1) und (−1/−1)
$\mathbb{D} = \mathbb{R}$ $\mathbb{W} = \mathbb{R}_0^+$	$\mathbb{D} = \mathbb{R}$ $\mathbb{W} = \mathbb{R}$
Funktionen $y = a \cdot x^n$ haben den a-fachen Funktionswert von $y = x^n$	
für $x \leq 0$ monoton fallend für $x > 0$ monoton steigend	für $x \in \mathbb{R}$ monoton steigend

Beispiele:

1. Der Graph der Funktion $y = ax^3$ verläuft durch P (–2/–4). Bestimme a.
P in die Funktionsgleichung eingesetzt:
$$-4 = a(-2)^3$$
$$-4 = -8 \cdot a \quad | : (-8)$$
$$a = \frac{1}{2} \qquad \Rightarrow y = \frac{1}{2} x^3$$

2. Der Graph der Funktion f: $y = a \cdot x^n$ verläuft durch die Punkte A (0,5/0,0625) und B (5/6,25). Bestimme die Gleichung der Funktion.
A in B in f eingesetzt:
$0,0625 = a \cdot 0,5^n$

(1) $a = \frac{0,0625}{0,5^n}$ (2) $6,25 = a \cdot 5^n$

Jetzt wird (1) in (2) eingesetzt:
$6,25 = \frac{0,0625}{0,5^n} \cdot 5^n \quad | : 0,0625$

$100 = \frac{5^n}{0,5^n};$

$100 = \left(\frac{5}{0,5}\right)^n$ \qquad 4. Potenzgesetz

$100 = 10^n$

(3) $n = 2$

Jetzt wird (3) in (1) eingestetzt:

$a = \frac{0,0625}{0,5^2};$

$a = 0,25 \quad \Rightarrow f: y = 0,25 \cdot x^2$

3. Der Bremsweg eines Autos wird nach einer Faustregel mit folgender Formel berechnet:

$$\text{Bremsweg s (in m)} = \left(\frac{\text{Geschwindigkeit v (in } \frac{km}{h})^2}{10 \frac{km}{h}}\right)$$

Welche Geschwindigkeit hat ein Auto, wenn der Bremsweg 115 m beträgt?
Maßzahlengleichung:

$$115 = \left(\frac{v}{10}\right)^2$$

$$115 = \frac{v^2}{100}$$

$$v^2 = 11500$$

$$v = 107,24$$

Das Auto fährt mit einer Geschwindigkeit von etwa $107 \frac{km}{h}$.

Die Potenzfunktion $y = x^{-n}$ mit $n \in \mathbb{N}$

a) **Hyperbeln** gerader Ordnung
(n ist eine gerade Zahl)

$$y = x^{-n} \quad \text{oder} \quad y = \frac{1}{x^n}$$

b) **Hyperbeln** ungerader Ordnung
(n ist eine ungerade Zahl)

$$y = x^{-n} \quad \text{oder} \quad y = \frac{1}{x^n}$$

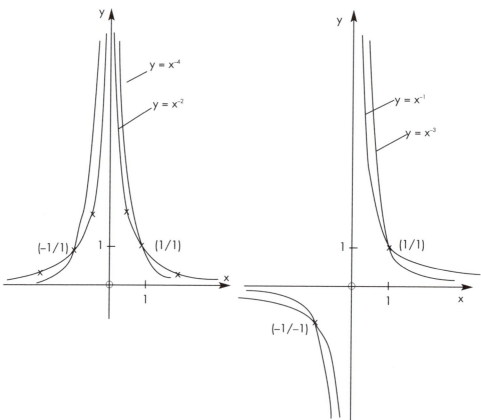

Kennzeichen

n ist eine gerade Zahl	n ist eine ungerade Zahl
Die Graphen sind achsensymmetrisch zur y-Achse	Die Graphen sind punktsymmetrisch zum Ursprung
Alle Graphen verlaufen durch die Punkte (1/1) und (-1/1)	Alle Graphen verlaufen durch die Punkte (1/1) und (-1/-1)
$\mathbb{D} = \mathbb{R} \setminus \{0\} \qquad \mathbb{W} = \mathbb{R}^+$	$\mathbb{D} = \mathbb{R} \setminus \{0\} \qquad \mathbb{W} = \mathbb{R} \setminus \{0\}$
Die x-Achse und die y-Achse sind Asymptoten der Hyperbeln.	
Funktionen der Form $y = a \cdot x^{-n}$ haben den a-fachen Funktionswert von $y = x^{-n}$	
Alle Graphen bestehen aus zwei „Kurvenästen"	
für x < 0 monoton steigend für x > 0 monoton fallend	für $x \in \mathbb{R} \setminus \{0\}$ monoton fallend

Beispiele:

1. a) Zeichne den Graphen der Funktion $y = \frac{5}{x^2}$
   Fertige dazu eine Wertetabelle für $x \in [-4; 4]_\mathbb{Z}$ mit $\triangle x = 1$
   b) Bestimme durch Rechnung den x-Wert, für den $y = 7,5$ ist.
   Überprüfe an der Zeichnung!

a)
x	-4	-3	-2	-1	0	1	2	3	4
y	0,31	0,56	1,25	5	nicht def.	5	1,25	0,56	0,31

$\mathbb{D} = \mathbb{R} \setminus \{0\}$

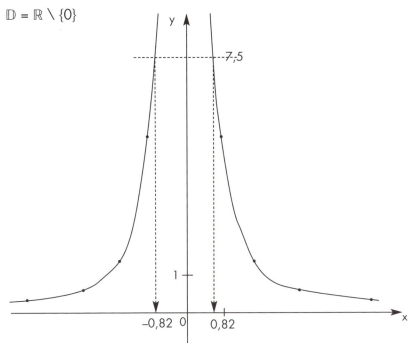

b) $7,5 = \frac{5}{x^2}$
   $x^2 = \frac{5}{7,5}$
   $x^2 = 0,67 \qquad x_1 = -0,82 \qquad x_2 = +0,82$

2. Die Gerade g: $y = 6$ schneidet die Funktion $y = 1,5 \cdot x^{-3}$.
   Bestimme die Koordinaten des Schnittpunkts S durch Rechnung.

   $y = 6$ ist eine Parallele zur x-Achse $\Rightarrow y_S = 6$

   $1,5 \cdot x^{-3} = 6 \quad | : 1,5$
   $x^{-3} = \frac{6}{1,5}$
   $x^{-3} = 4$ \qquad Formel: $\boxed{a^{-n} = \frac{1}{a^n}}$
   $\frac{1}{x^3} = 4 \quad | \cdot x^3$
   $1 = 4 \cdot x^3 \quad | : 4$
   $x^3 = 0,25 \quad | \sqrt[3]{}$
   $x = \sqrt[3]{0,25}$
   $x = 0,63 \Rightarrow S(0,63/6)$

Die Potenzfunktionen $y = x^{\frac{m}{n}}$ und $y = x^{-\frac{m}{n}}$ mit $m, n \in \mathbb{N}, m \neq n$

Diese Funktion nennt man auch Wurzelfunktionen.

a) $y = x^{\frac{m}{n}}$ oder $y = \sqrt[n]{x^m}$

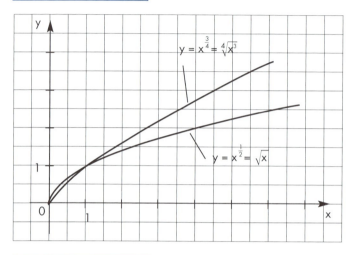

b) $y = x^{-\frac{m}{n}}$ oder $y = \frac{1}{\sqrt[n]{x^m}}$

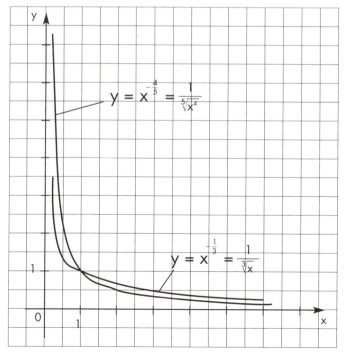

Kennzeichen

Positiver Exponent $\frac{m}{n}$	Negativer Exponent $-\frac{m}{n}$
Der Graph ist ein Parabelast	Der Graph ist ein Hyperbelast
Alle Graphen verlaufen durch (0/0) und (1/1)	Alle Graphen verlaufen durch (1/1)
$\mathbb{D} = \mathbb{R}_0^+$ $\qquad$ $\mathbb{W} = \mathbb{R}_0^+$	$\mathbb{D} = \mathbb{R}^+$ $\qquad$ $\mathbb{W} = \mathbb{R}^+$
Keine Asymptoten	Die x-Achse und die y-Achse sind Asymptoten
monoton steigend	monoton fallend

Beispiele:

1. f: $y = \sqrt[3]{(x-2)^4}$

   Fertige für $x \in \{2; 2,5; 3; 4; 6\}$ eine Wertetabelle, zeichne den Graphen der Funktion und bestimme $\mathbb{D}$ und $\mathbb{W}$.

x	2	2,5	3	4	6
y	0	0,4	1	2,5	6,3

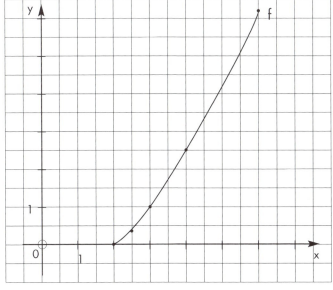

$x - 2 \geq 0 \mid +2$
$\qquad x \geq 2$

$\Rightarrow \mathbb{D} = \{x \mid x \geq 2\}$
$\quad \mathbb{W} = \{y \mid y \geq 0\}$

2. f: $y = (x + 1)^{-\frac{1}{4}} + 2$
   Bestimme $\mathbb{D}$ und $\mathbb{W}$, fertige für $x \in \{-0{,}5;\ 0;\ 1;\ 1{,}5;\ 2;\ 6;\ 10\}$ eine Wertetabelle und zeichne den Graphen der Funktion.
   Gib die Gleichungen der Asymptoten an.

   $y = (x + 1)^{-\frac{1}{4}} + 2$

   $y = \sqrt[4]{(x + 1)^{-1}} + 2$

   $y = \dfrac{1}{\sqrt[4]{(x + 1)}} + 2$

   Formeln:
   $a^{-\frac{m}{n}} = \dfrac{1}{a^{\frac{m}{n}}} = \dfrac{1}{\sqrt[n]{a^m}}$

   $\sqrt[n]{a^{-m}} = \dfrac{1}{\sqrt[n]{a^m}} = \dfrac{1}{a^{\frac{m}{n}}}$

   $x + 1 > 0 \quad | -1$
   $\quad x > -1 \quad \Rightarrow \quad \mathbb{D} = \{x \mid x > -1\} \quad \mathbb{W} = \{y \mid y > 2\}$

x	−0,5	0	1	1,5	2	6	10
y	3,18	3	2,84	2,8	2,76	2,6	2,55

   Wenn die Zahlenwerte so dicht nebeneinander liegen, solltest du auf mm-Papier zeichnen!

   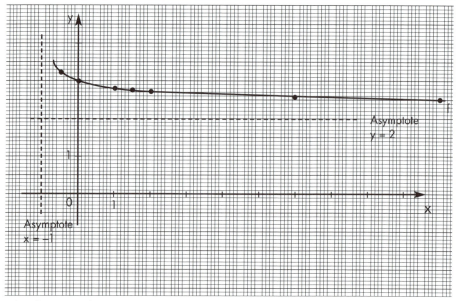

   Gleichungen der Asymptoten:
   $x = 1$ und $y = 2$

Logarithmen

Begriffe, Grundlagen

Logarithmieren heißt „den Exponenten suchen".
Potenzieren und Logarithmieren sind umgekehrte Rechenarten.

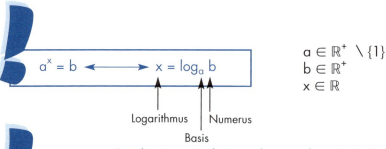

$a^x = b \longleftrightarrow x = \log_a b$

$a \in \mathbb{R}^+ \setminus \{1\}$
$b \in \mathbb{R}^+$
$x \in \mathbb{R}$

Logarithmus | Numerus
Basis

Sprechweise: „x ist der Logarithmus von b zur Basis a"

Der Logarithmus einer positiven Zahl b zur Basis a ist der Exponent, mit dem man a potenzieren muss, um b zu erhalten.

Beispiele:
1. $3 = \log_4 64$ weil $4^3 = 64$
2. $\frac{1}{2} = \log_{81} 9$ weil $81^{\frac{1}{2}} = 9$ ($\sqrt{81} = 9$)

Es gibt keine Logarithmen von negativen Zahlen, der Logarithmus einer Zahl kann aber negativ sein.

Beispiele:
1. $x = \log_2 (-4)$ $2^x = -4$ $\Rightarrow$ $L = \{ \}$
2. $x = \log_4 (\frac{1}{64})$ $4^x = \frac{1}{64}$ $\Rightarrow$ $L = \{-3\}$

Sonderfälle

Für den Numerus 1 hat der Logarithmus für jede Basis den Wert 0.

$$\log_a 1 = 0 \qquad \text{weil } a^0 = 1$$

> Sind Numerus und Basis gleich, hat der Logarithmus stets den Wert 1.

$$\log_a a = 1 \qquad \text{weil } a^1 = a$$

> Jede Zahl n lässt sich als Logarithmus darstellen. $\qquad n = \log_a a^n$

1. Schreibe als einen Logarithmus.
   $\log_3 9x + \log_3 (x - 2) - 2$
   $= \log_3 9x + \log_3 (x - 2) - \log_3 3^2$
   $= \log_3 \frac{9x \cdot (x - 2)}{3^2}$
   $= \log_3 x (x - 2)$

2. Die Punkte $P_n \in f_1: y = -\log_2 (x + 6) - 5$ und $Q_n \in f_2: y = \log_2 (x + 5) - 2$ haben die gleiche Abszisse x. Bestätige durch Rechnung, dass für $y_{Q_n} > y_{P_n}$ gilt: $\overline{P_n Q_n} (x) = \log_2 (8x^2 + 88x + 240)$ LE.
   $\overline{P_n Q_n} (x) = \log_2 (x + 5) - 2 - (-\log_2 (x + 6) - 5)$ LE
   $\overline{P_n Q_n} (x) = \log_2 (x + 5) + \log_2 (x + 6) + 3$ LE
   $\overline{P_n Q_n} (x) = \log_2 (x + 5) + \log_2 (x + 6) + \log_2 2^3$ LE
   $\overline{P_n Q_n} (x) = \log_2 (x + 5) \cdot (x + 6) \cdot 2^3$ LE
   $\overline{P_n Q_n} (x) = \log_2 8 (x + 5) (x + 6)$ LE
   $\overline{P_n Q_n} (x) = \log_2 (8x^2 + 88x + 240)$ LE

> Aus $a^x = b$ folgt $x = \log_a b$
>
> Setzt man das x der zweiten Gleichung wieder in die erste Gleichung ein, so erhält man:

$$a^{\log_a b} = b$$

Für Zehnerlogarithmen gilt: $\qquad 10^{\lg x} = x$

Rechengesetze

$$\log_a (u \cdot v) = \log_a u + \log_a v \qquad \log_a \sqrt[n]{u} = \frac{1}{n} \cdot \log_a u$$
$$\log_a \left(\frac{u}{v}\right) = \log_a u - \log_a v \qquad \log_a \sqrt[n]{u^m} = \frac{m}{n} \cdot \log_a u$$
$$\log_a u^n = n \cdot \log_a u$$

Beispiele:

1. Schreibe mit einem Logarithmus:
$$\frac{1}{3}\log_a x + 6 \log_a y - \frac{2}{5}\log_a z = \log_a \frac{\sqrt[3]{x} \cdot y^6}{\sqrt[5]{z^2}}$$

2. Zerlege in einzelne Logarithmen:
$$\log_b \frac{\sqrt[8]{x^3} \cdot y^2}{\sqrt{w} \cdot \sqrt[4]{z^3}} = \frac{3}{8}\log_b x + 2 \log_b y - \frac{1}{2}\log_b w - \frac{3}{4}\log_b z$$

Wenn du das Rechnen mit Logarithmen „voll im Griff" hast, kannst du wie im Beispiel 1 und 2 dargestellt, sofort die Lösung angeben.
Hier die ausführliche Rechnung:

1. $\frac{1}{3} \log_a x + 6\log_a y - \frac{2}{5} \log_a z$
$= \log_a x^{\frac{1}{3}} + \log_a y^6 - \log_a z^{\frac{2}{5}}$
$= \log_a \sqrt[3]{x} + \log_a y^6 - \log_a \sqrt[5]{z^2}$
$= \log_a \sqrt[3]{x} \cdot y^6 - \log_a \sqrt[5]{z^2}$
$= \log_a \frac{\sqrt[3]{x} \cdot y^6}{\sqrt[5]{z^2}}$

2. $\log_b \frac{\sqrt[8]{x^3} \cdot y^2}{\sqrt{w} \cdot \sqrt[4]{z^3}}$

$= \log_b \sqrt[8]{x^3} \cdot y^2 - \log_b \sqrt{w} \cdot \sqrt[4]{z^3}$
$= \log_b \sqrt[8]{x^3} + \log_b y^2 - (\log_b \sqrt{w} + \log_b \sqrt[4]{z^3})$
$= \log_b x^{\frac{3}{8}} + \log_b y^2 - (\log_b w^{\frac{1}{2}} + \log_b z^{\frac{3}{4}})$
$= \frac{3}{8} \log_b x + 2\log_b y - \frac{1}{2}\log_b w - \frac{3}{4}\log_b z$

Dekadische Logarithmen (Zehnerlogarithmen)

Logarithmen mit der Basis 10 nennt man Zehnerlogarithmen oder dekadische Logarithmen.

Für $\log_{10} a$ schreibt man lg a.

$$\begin{aligned} \lg 1 &= \lg 10^0 = 0 \\ \lg 10 &= \lg 10^1 = 1 \\ \lg 100 &= \lg 10^2 = 2 \\ \lg 1000 &= \lg 10^3 = 3 \end{aligned}$$

$$\frac{1}{10} = \lg 10^{-1} = -1$$
$$\frac{1}{100} = \lg 10^{-2} = -2$$
$$\frac{1}{1000} = \lg 10^{-3} = -3$$

Zur Bestimmung des Zehnerlogarithmus gibt man am eTR den Numerus ein und betätigt die Taste $\boxed{\log}$.

Zur Bestimmung des Numerus gibt man am eTR den Zehnerlogarithmus ein und betätigt die Taste $\boxed{10^x}$.

Beispiele:

1. $x = \lg 34{,}8 \Rightarrow$ Taste $\boxed{\log}$
   $x = 1{,}542$
   $(10^{1,542} = 34{,}8)$

2. $2{,}17 = \lg x \Rightarrow$ Taste $\boxed{10^x}$
   $x = 147{,}91$
   $(10^{2,17} = 147{,}91)$

Basisumrechnung

$$\log_a c = \frac{\log_b c}{\log_b a}$$

Beispiele:

1. Schreibe mit der Basis 6:
   $\log_5 8 = \frac{\log_6 8}{\log_6 5}$
2. Berechne x.
   $x = \log_3 4 \Rightarrow x = \frac{\lg 4}{\lg 3}$
   $x = 1{,}262$ Probe: $3^{1,262} = 4$

Mti dem eTR lassen sich nur Zehnerlogarithmen berechen, es muss also stets in Zehnerlogarithmen umgewandelt werden.

Die Taste $\boxed{\text{LOG}}$ am eTR gibt den Zehnerlogarithmus an.

Exponentialgleichungen und Logarithmusgleichungen

Exponentialgleichungen

Eine Exponentialgleichung liegt vor, wenn die Variable im Exponenten vorkommt.

$$m \cdot a^{n \cdot x + b} = c$$ Exponentialgleichung

1. Lösung durch Exponentenvergleich

Dieser Lösungsweg ist nur dann möglich, wenn $\frac{c}{m}$ als Potenz von a dargestellt werden kann.

$$m \cdot a^{nx+b} = c \quad | : m$$
$$a^{nx+b} = \frac{c}{m}$$
$$a^{nx+b} = a^y \qquad \frac{c}{m} = a^y$$
$$nx + b = y \qquad \text{Exponentenvergleich}$$
$$nx = y - b$$

$$x = \frac{y-b}{n}$$

Beispiele:

1. $\frac{3}{8} \cdot 4^{4x-8} = 6 \quad | \cdot \frac{8}{3}$

   $4^{4x-8} = 16$

   $4^{4x-8} = 4^2$

   $4x - 8 = 2 \quad$ Exponentenvergleich

   $4x = 10$

   $x = 2{,}5$

   oder, Lösung mit der Formel:

   $y = 2 \quad b = -8 \quad n = 4$

   $x = \frac{2+8}{4}$

   $x = 2{,}5$

2. $5^{x-1} = 125^{2x+2}$

   $5^{x-1} = 5^{3(2x+2)}$

   $5^{x-1} = 5^{6x+6}$

   $x - 1 = 6x + 6 \qquad$ Exponentenvergleich

   $-5x = 5$

   $x = -1$

3. $\quad 4^{x+1} - \left(\frac{1}{4}\right)^{2-x} = 252$

$\quad 4^{x+1} - (4^{-1})^{2-x} = 252$

$\quad 4^{x+1} - 4^{-2+x} = 252$

$\quad 4^x \cdot 4^1 - 4^{-2} \cdot 4^x = 252$

$\quad 4^x (4^1 - 4^{-2}) = 252$

$\quad 4^x \left(4 - \frac{1}{16}\right) = 252$

$\quad 4^x \cdot \frac{63}{16} = 252 \quad | \cdot \frac{16}{63}$

$\quad 4^x = 64 \quad \longleftarrow$ 64 kann als Potenz von 4 dargestellt werden.

$\quad 4^x = 4^3$

$\quad x = 3 \quad\quad$ Exponentenvergleich

2. Lösung durch Logarithmieren

Lässt sich in der Gleichung $m \cdot a^{nx+b} = c$ der Wert $\frac{c}{m}$ nicht als Potenz von a darstellen, werden Links- und Rechtsterm der Exponentengleichung zur selben Basis logarithmiert. Man verwendet den Logarithmus zur Basis 10 ($\log_{10} = \lg$)!

$$m \cdot a^{nx+b} = c \quad | \lg$$
$$\lg m \cdot a^{nx+b} = \lg c$$
$$\lg m + \lg a^{nx+b} = \lg c$$
$$\lg m + (nx+b) \lg a = \lg c$$
$$(nx+b) \lg a = \lg c - \lg m$$
$$nx + b = \frac{\lg c - \lg m}{\lg a}$$
$$nx = \frac{\lg c - \lg m}{\lg a} - b \quad | : n$$

$$\boxed{x = \frac{\lg c - \lg m}{n \cdot \lg a} - \frac{b}{n}} \quad (*)$$

Beispiele:

1. $\quad 4^{2x+3} = 40 \quad\quad$ oder mit (*)

$\quad \lg 4^{2x+3} = \lg 40$

$\quad (2x+3) \lg 4 = \lg 40 \quad | : \lg 4 \quad\quad m = 1 \quad n = 2 \quad a = 4 \quad b = 3 \quad c = 40$

$\quad 2x + 3 = \frac{\lg 40}{\lg 4} \quad | - 3 \quad\quad x = \frac{\lg 40 - \lg 1}{2 \cdot \lg 4} - \frac{3}{2}$

$\quad 2x = \frac{\lg 40}{\lg 4} - 3 \quad\quad x = 1{,}33 - 1{,}5$

$\quad\quad\quad\quad\quad\quad\quad\quad\quad\quad\quad x = -0{,}17$

$\quad 2x = -0{,}339$

$\quad x = -0{,}17$

Du solltest diesen Lösungsweg üben!

2.
$$4^{x+1} - \left(\tfrac{1}{4}\right)^{2-x} = 200$$
$$4^x \cdot 4 - 4^{-2+x} = 200$$
$$4^x \cdot 4 - 4^{-2} \cdot 4^x = 200$$
$$4^x (4 - 4^{-2}) = 200$$
$$4^x \left(4 - \tfrac{1}{16}\right) = 200$$
$$4^x \left(\tfrac{64}{16} - \tfrac{1}{16}\right) = 200$$
$$4^x \cdot \tfrac{63}{16} = 200 \quad | \cdot \tfrac{63}{16}$$
$$4^x = 50{,}794$$

Beachte: $\left(\tfrac{1}{4}\right)^{2-x} = (4^{-1})^{2-x} = 4^{-2+x}$

lässt sich nicht auf einfache Weise als Potenz von 4 darstellen!

1. Möglichkeit:
Beidseitig logarithmieren:

$\lg 4^x = \lg 50{,}794$
$x \lg 4 = \lg 50{,}794$

$x = \dfrac{\lg 50{,}794}{\lg 4}$

$x = 2{,}833$

2. Möglichkeit (auch bei Beispiel 1 möglich)
Anwendung des Zusammenhangs:

$$a^x = b \iff x = \log_a b$$

$4^x = 50{,}794 \qquad x = \log_4 50{,}794$

$\qquad\qquad\qquad x = \dfrac{\lg 50{,}794}{\lg 4}$

$\qquad\qquad\qquad x = 2{,}833$

Umwandlung in „Zehnerlogarithmus"

3.
$$4^{x+2} - 6 \cdot 2^x = 2 \cdot 4^{x-1}$$
$$4^x \cdot 4^2 - 6 \cdot 2^x = 2 \cdot 4^x \cdot 4^{-1}$$
$$(2^2)^x \cdot 16 - 6 \cdot 2^x = 0{,}5 \cdot (2^2)^x$$
$$2^{2x} \cdot 16 - 6 \cdot 2^x = 0{,}5 \cdot 2^{2x}$$
$$2^{2x} \cdot 16 - 6 \cdot 2^x - 0{,}5 \cdot 2^{2x} = 0$$
$$15{,}5 \cdot 2^{2x} - 6 \cdot 2^x = 0$$
$$2^x (15{,}5 \cdot 2^x - 6) = 0$$

$2^x = 0 \quad \vee \quad 15{,}5 \cdot 2^x - 6 = 0$
niemals möglich!

$$15{,}5 \cdot 2^x = 6 \quad | : 15{,}5$$
$$2^x = 0{,}3871$$
$$x = \log_2 0{,}3871$$
$$x = \dfrac{\lg 0{,}3871}{\lg 2}$$
$$x = -1{,}3692$$

Formel: $\log_a c = \dfrac{\lg c}{\lg a}$

Logarithmusgleichungen

Eine Logarithmusgleichung liegt vor, wenn die Variable im Numerus eines Logarithmus vorkommt.

$\boxed{\log_a x = c \Leftrightarrow x = a^c}$ Zusammenhang zwischen Logarithmus und Potenz.

Mit Hilfe dieses Zusammenhangs und der Rechenregeln für die Umformung von Logarithmen können die Logarithmusgleichungen gelöst werden.

1. Die Variable lässt sich durch einfache Umformung in die Potenzschreibweise berechnen:

Beispiel:

$$\begin{aligned} \log_3(x+4) &= 5 \\ 3^5 &= x+4 \\ 243 &= x+4 \quad |-4 \\ x &= 239 \end{aligned}$$

2. Die Gleichung muss erst nach Anwendung der logarithmischen Rechengesetze umgeformt werden:

Beispiele:

1.
$$\begin{aligned} \lg 2x &= 3 - \lg 4x \quad |+\lg 4x \\ \lg 2x + \lg 4x &= 3 \\ \lg 2x \cdot 4x &= 3 \qquad \text{Gesetz: } \lg a + \lg b = \lg a \cdot b \\ \lg 8x^2 &= 3 \\ 10^3 &= 8x^2 \quad |:8 \qquad \text{Beachte: } \lg = \log_{10} \\ x^2 &= 125 \\ |x| &= 11{,}18 \end{aligned}$$

$x_1 = 11{,}18 \quad (x_2 = -11{,}18 \notin \mathbb{D})$

$\mathbb{L} = \{11{,}18\}$

2. $\log_2(x+3) - 2 = \log_2(x-2) - 1 \quad \bigg|\begin{array}{l}-\log_2(x-2)\\ +2\end{array}$

$\log_2(x+3) - \log_2(x-2) = 1$

1. Möglichkeit

$$\begin{aligned} \log_2 \frac{x+3}{x-2} &= 1 \\ 2^1 &= \frac{x+3}{x-2} \quad |\cdot(x-2) \\ 2(x-2) &= x+3 \\ 2x - 4 &= x+3 \quad \bigg|\begin{array}{l}-x\\ +4\end{array} \\ x &= 7 \end{aligned}$$

2. Möglichkeit

$$\begin{aligned} \frac{\lg(x+3)}{\lg 2} - \frac{\lg(x-2)}{\lg 2} &= 1 \quad |\cdot \lg 2 \\ \lg(x+3) - \lg(x-2) &= \lg 2 \\ \lg \frac{x+3}{x-2} &= \lg 2 \\ \frac{x+3}{x-2} &= 2 \quad |\cdot(x-2) \\ x+3 &= 2x-4 \\ x &= 7 \end{aligned}$$

Exponentialfunktion und Logarithmusfunktion

Die Exponentialfunktion y = aˣ mit a ∈ ℝ⁺\{1}

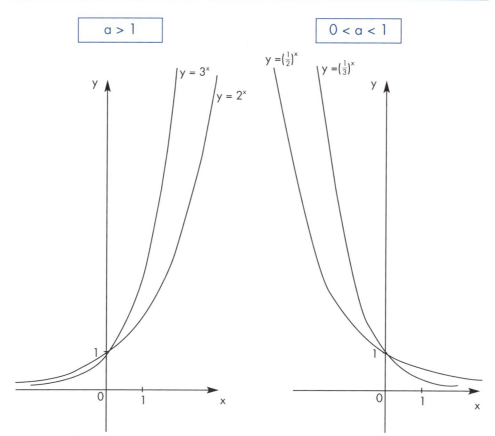

Kennzeichen

a > 1	0 < a < 1
Alle Funktionswerte sind positiv $\mathbb{D} = \mathbb{R}$ $\mathbb{W} = \mathbb{R}^+$	
Alle Graphen verlaufen durch den Punkt (0/1)	
Je größer a, desto steiler verläuft der Graph	Je kleiner a, desto steiler verläuft der Graph
Die x-Achse ist Asymptote aller Graphen	
monoton steigend	monoton fallend
Der Graph von $x = a^x$ und der Graph $y = (\frac{1}{a})^x$ sind zueinander achsensymmetrisch mit der y-Achse als Symmetrieachse	

Wird die Exponentialfunktion f : y = ax mit einem Vektor verschoben, so besteht zwischen f und f' folgender Zusammenhang:

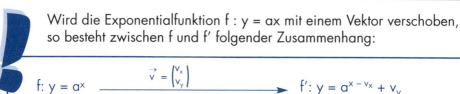

$f: y = a^x \xrightarrow{\vec{v} = \binom{v_x}{v_y}} f': y = a^{x-v_x} + v_y$

Beispiele:

1. $y = 3^x + 2{,}5$
   a) Bestimme $\mathbb{D}$, $\mathbb{W}$ und die Gleichung der Asymptoten
   b) Bestimme $y(2{,}8)$
   c) Bestimme x für $y = 3$

   a) $\mathbb{D} = \mathbb{R}$ $\qquad\qquad$ $\mathbb{W} = \{y \mid y > 2{,}5\}$, weil 3^x für jeden x-Wert positiv ist
   $\qquad$ Asymptote: $y = 2{,}5$
   b) $y(2{,}8) = 3^{2{,}8} + 2{,}5 = 24{,}17$
   c) $\quad 3 = 3^x + 2{,}5 \quad |-2{,}5$
   $\qquad 0{,}5 = 3^x$
   $\qquad\quad x = \log_3 0{,}5$
   $\qquad\quad x = \dfrac{\lg 0{,}5}{\lg 3}$
   $\qquad\quad x = -0{,}63$

2. $y = a^x - 1$
   Bestimme a, dass der Graph der Funktion durch den Punkt $P(1{,}5/1{,}25)$ verläuft.

   P in die Funktionsgleichung eingesetzt:
   $1{,}25 = a^{1{,}5} - 1 \qquad |+1$
   $2{,}25 = a^{1{,}5} \qquad\quad |\sqrt[1{,}5]{}$
   $\sqrt[1{,}5]{2{,}25} = a$
   $a = 1{,}72 \ \lor \ (a = -1{,}72 \quad$ keine Lösung, weil $a > 0$ sein muss!)
   $\Rightarrow y = 1{,}72^x - 1$

3. $f\colon y = \left(\tfrac{1}{2}\right)^x \qquad\qquad f'\colon y = \left(\tfrac{1}{2}\right)^{x+3{,}5} + 1$

   Bestimme $\vec{v}$, wenn gilt: $f \xrightarrow{\vec{v}} f'$

   Der Vektor wird aus der Gleichung f' abgelesen:

   $\vec{v} = \begin{pmatrix} -3{,}5 \\ 1 \end{pmatrix}$

4. $f\colon y = 2^x \qquad\qquad \vec{v} = \begin{pmatrix} 2{,}8 \\ -1{,}5 \end{pmatrix}$

   $f \xrightarrow{\vec{v}} f'$

   Gib f' an.
   $f'\colon y = 2^{x-2{,}8} - 1{,}5$

Die Logarithmusfunktion $y = \log_a x$ mit $a \in \mathbb{R}^+ \setminus \{1\}$

$a > 1$

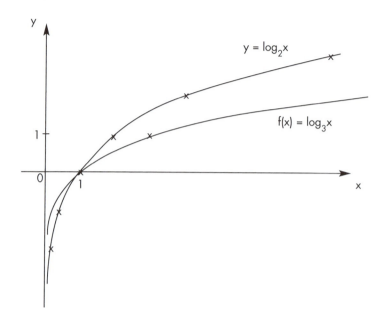

$0 < a < 1$

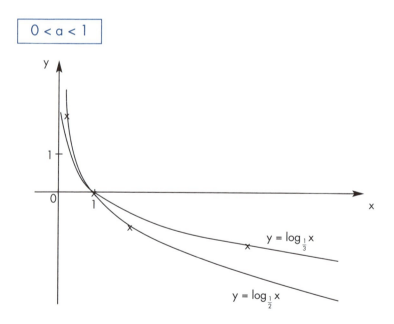

Die Logarithmusfunktion ist die Umkehrfunktion der Exponentialfunktion.

Kennzeichen

a > 1	0 < a < 1
$\mathbb{D} = \mathbb{R}^+$ $\quad$ $\mathbb{W} = \mathbb{R}$	
Alle Graphen verlaufen durch den Punkt (1/0)	
Je größer die Basis a, desto flacher verläuft der Graph	Je größer die Basis a, desto steiler verläuft der Graph
Die y-Achse ist Asymptote aller Graphen	
monoton steigend	monoton fallend
Der Graph von $y = \log_a x$ und der Graph $y = \log_{\frac{1}{a}} x$ sind zueinander achsensymmetrisch mit der x-Achse als Symmetrieachse	

Beispiele:

1. $y = \log_{2,5} x$

    a) Bestimme y (1,8)
    b) Bestimme y (−2,2)
    c) Bestimme x für y = 2,6

    a) $y(1,8) = \log_{2,5} 1,8 = \frac{\lg 1,8}{\lg 2,5} = 0,64$

    b) y (−2,2)

    Es gibt keinen Logarithmus von negativen Zahlen.

    c) $\quad 2,6 = \log_{2,5} x$
    $\quad 2,5^{2,6} = x$
    $\quad\quad x = 10,83$

2. $y = \log_4 x$, $y = \log_{15} x$

    Die Gerade x = 4,5 schneidet beide Graphen. Berechne die Länge der Strecke zwischen den beiden Schnittpunkten.

    $y_1(4,5) = \log_4 4,5$ $\quad\quad\quad\quad$ $y_2(4,5) = \log_{15} 4,5$

    $y_1(4,5) = \frac{\lg 4,5}{\lg 4}$ $\quad\quad\quad\quad\quad$ $y_2(4,5) = \frac{\lg 4,5}{\lg 15}$

    $y_1(4,5) = 1,08$ $\quad\quad\quad\quad\quad\quad$ $y_2(4,5) = 0,56$

    $y_1(4,5) - y_2(4,5) = 1,08 - 0,56 = 0,52$

    Die Länge der Strecke beträgt 0,52 LE.

Wachstums- und Zerfallsprozesse

Stetiges Wachstum – stetiger Zerfall

Ein stetiger Änderungsvorgang kann durch eine Exponentialfunktion dargestellt werden.

$$f(x) = f(0) \cdot a^x$$

Anfangswert

Wachstumsquote
$a > 1 \Rightarrow$ Wachstum
$a < 1 \Rightarrow$ Zerfall

Wachstumsprozesse

Mit Hilfe von Exponentialfunktionen können Wachstumsprozesse berechnet werden (siehe auch Beispiele im Band 1, Seite 79).

Beispiel:

Eine Bakterienkultur besteht am Anfang aus 5 Bakterien. In jeder Stunde verdoppelt sich die Anzahl.
a) Stelle die Entwicklung innerhalb der ersten 8 Stunden mit einer Wertetabelle dar und zeichne den Graphen.
b) Mit welcher Funktionsgleichung kann das Wachstum dargestellt werden?
c) Wie viele Bakterien existieren nach $4\frac{1}{2}$ Stunden?
   Bestimme die Lösung mit Hilfe des Graphen von a) und durch Rechnung (auf Ganze runden).
d) Nach welcher Zeit existieren 850 Bakterien?
   Bestimme die Lösung mit Hilfe des Graphen von a) und durch Rechnung.

Lösung:

a)

x	0	1	2	3	4	5	6	7	8	Zeit in Stunden
f(x)	5	10	20	40	80	160	320	640	1280	Anzahl der Bakterien

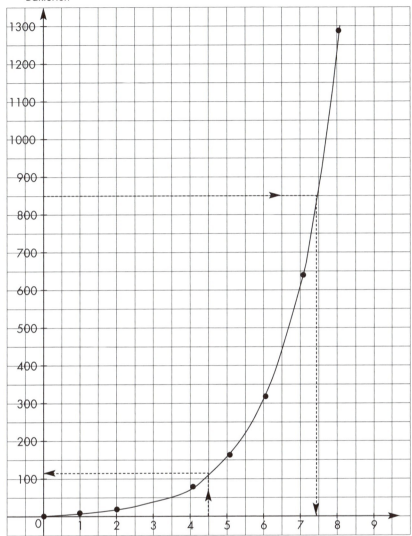

b)
$$\begin{aligned}
f(0) &= & 5 &= 5 &= 5 \cdot \boxed{1} &= 5 \cdot \boxed{2^0}\\
f(1) &= & 5 \cdot 2 &= 10 &= 5 \cdot \boxed{2} &= 5 \cdot \boxed{2^1}\\
f(2) &= & 10 \cdot 2 &= 20 &= 5 \cdot \boxed{4} &= 5 \cdot \boxed{2^2}\\
f(3) &= & 20 \cdot 2 &= 40 &= 5 \cdot \boxed{8} &= 5 \cdot \boxed{2^3}\\
f(4) &= & 40 \cdot 2 &= 80 &= 5 \cdot \boxed{16} &= 5 \cdot \boxed{2^4}\\
f(5) &= & 80 \cdot 2 &= 160 &= 5 \cdot \boxed{32} &= 5 \cdot \boxed{2^5}\\
f(6) &= & 160 \cdot 2 &= 320 &= 5 \cdot \boxed{64} &= 5 \cdot \boxed{2^6}\\
f(7) &= & 320 \cdot 2 &= 640 &= 5 \cdot \boxed{128} &= 5 \cdot \boxed{2^7}\\
f(8) &= & 640 \cdot 2 &= 1280 &= 5 \cdot \boxed{256} &= 5 \cdot \boxed{2^8}
\end{aligned}$$

„Zweierpotenzen"

$$\Rightarrow y = f(x) = 5 \cdot 2^x$$

Wachstumsquote a = 2
Anfangswert: f(0) = 5

c) $y = 5 \cdot 2^{4,5}$
   y = 113,14
   Nach 4,5 Stunden existieren 113 Bakterien
   (aus der Zeichnung: etwa 115 Bakterien)

d) $850 = 5 \cdot 2^x$ |: 5
   $170 = 2^x$
   $x = \log_2 170$

   $x = \dfrac{\lg 170}{\lg 2}$

   x = 7,41 h
   Nach 7,41 Stunden existieren 850 Bakterien
   (aus der Zeichnung: etwa 7,4 Stunden)

Zerfalls- bzw. Abklingprozesse

Mit Hilfe von Exponentialfunktionen können Zerfalls- und Abklingprozesse berechnet werden.

Beispiel:

Der Bierschaumzerfall einer bestimmten Biersorte unterliegt folgender Zerfallsgleichung $y = y_0 \cdot a^x$; $0 < a < 1$
Dabei gilt für y: Schaummenge in cm^3 nach x Minuten, y_0: Schaummenge in cm^3 nach dem Einschenken, a: Zerfallsfaktor, x: Zeit in Minuten.

1. Berechne die Funktionsgleichung, wenn 9 Minuten nach dem Einschenken noch $50 cm^3$ und 15 Minuten nach dem Einschenken noch $37 cm^3$ Bierschaum vorhanden sind.
   Die vorgegebenen Werte werden jeweils in die Funktionsgleichung eingesetzt:

   $y = y_0 \cdot a^x$
   (1) $50 = y_0 \cdot a^9$ $\Rightarrow$ (3) $y_0 = \dfrac{50}{a^9}$
   (2) $37 = y_0 \cdot a^{15}$ (3) in (2):
   $\qquad\qquad\qquad\qquad 37 = \dfrac{50}{a^9} \cdot a^{15}$
   $\qquad\qquad\qquad\qquad 37 = 50 \cdot a^6$
   $\qquad\qquad\qquad\qquad a = \sqrt[6]{\dfrac{37}{50}} = 0,95$

   a = 0,95 einsetzen in (3): $y_0 = \dfrac{37}{50} = 79$
   f: $y = 79 \cdot 0,95^x \ cm^3$

2. Zeichne den Graphen der Funktion in ein Koordinatensystem (runde in der Wertetabelle auf ganze cm³).

x	0	5	10	15	20	25	30
y	79	61	47	37	28	22	17

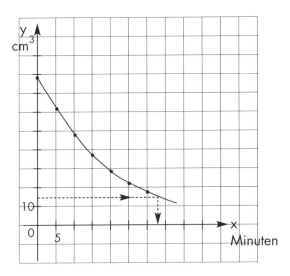

3. Nach welcher Zeit sind noch 55 cm³ Bierschaum vorhanden (auf ganze Minuten runden)?

$$55 = 79 \cdot 0{,}95^x$$
$$0{,}95^x = \frac{55}{79}$$
$$x = \log_{0{,}95}\left(\frac{55}{79}\right)$$
$$x = \frac{\lg\left(\frac{55}{79}\right)}{\lg 0{,}95}$$
$$x = 7{,}06$$

Nach etwa 7 Minuten sind noch 55 cm³ Bierschaum vorhanden.

4. Nach welcher Zeit sind noch 15 cm³ Bierschaum vorhanden?
Bestimme die Lösung mit Hilfe des Graphen von 2. und durch Rechnung.
Wert aus der Zeichnung: 33 Minuten

$$15 = 79 \cdot 0{,}95^x$$
$$0{,}95x = \frac{15}{79}$$
$$x = \log_{0{,}95}\left(\frac{15}{79}\right)$$
$$x = \frac{\lg\left(\frac{55}{79}\right)}{\lg 0{,}95}$$
$$x = 32{,}39$$

Nach etwa 32 Minuten sind noch 15 cm³ Bierschaum vorhanden.

Funktionen und ihre Umkehrfunktionen

Funktion f ⟶ Umkehrfunktion f^{-1}

Vertauscht man in einer Funktion f x mit y und löst diese Gleichung wieder nach y auf, so erhält man die zugehörige Umkehrfunktion f^{-1}.
Spiegelt man den Graph einer Funktion f an der Winkelhalbierenden $w_{I/III}$, so erhält man den Graph der Umkehrfunktion f^{-1}.

Es gilt stets: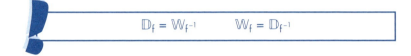
$\mathbb{D}_f = \mathbb{W}_{f^{-1}}$ $\mathbb{W}_f = \mathbb{D}_{f^{-1}}$

Die wichtigsten Funktionen und ihre Umkehrfunktionen

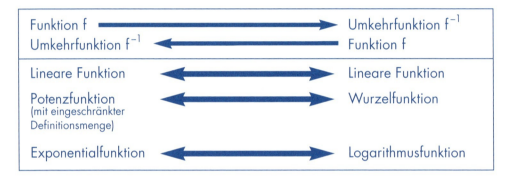

Funktion f ⟶	Umkehrfunktion f^{-1}
Umkehrfunktion f^{-1} ⟵	Funktion f
Lineare Funktion ⟷	Lineare Funktion
Potenzfunktion (mit eingeschränkter Definitionsmenge) ⟷	Wurzelfunktion
Exponentialfunktion ⟷	Logarithmusfunktion

Beispiele:

Bestimme jeweils die Gleichung der Umkehrfunktion und $\mathbb{D}$ und $\mathbb{W}$ für Funktion und Umkehrfunktion.

1. f: $y = \sqrt{x-3} + 2$ $\mathbb{D}_f = \{x \mid x \geqq 3\}$; $\mathbb{W}_f = \{y \mid y \geqq 2\}$
   Berechnung der Umkehrfunktion:
   Vertauschen von x und y: $x = \sqrt{y-3} + 2$
   Auflösen nach y: $\sqrt{y-3} = x - 2 \mid ^2$
   $y - 3 = (x-2)^2$
   f^{-1}: $y = (x-2)^2 + 3$

   $\mathbb{D}_{f^{-1}} = \{x \mid x \geqq 2\}$; $\mathbb{W}_{f^{-1}} = \{y \mid y \geqq 3\}$

2. f: $y = 2^{x-3} - 4$ $\mathbb{D}_f = \mathbb{R}$; $\mathbb{W}_f = \{y \mid y > -4\}$

   Vertauschen von x und y:
   $x = 2^{y-3} - 4$
   $2^{y-3} = x + 4$

   Auflösen nach y:
   $y - 3 = \log_2(x+4)$
   f^{-1}: $y = \log_2(x+4) + 3$ $\mathbb{D}_{f^{-1}} = \{x \mid x > -4\}$; $\mathbb{W}_{f^{-1}} = \mathbb{R}$

Statistik und Wahrscheinlichkeitsrechnung

Grundbegriffe

Statistik ist das Verfahren, nach dem empirische (*) Zahlen gewonnen, verarbeitet und für Schlussfolgerungen und Entscheidungen verwendet werden.

Grundgesamtheit ist die Gesamtheit aller statistisch untersuchten Individuen, Objekte und Gegenstände.

Stichproben sind Teilmengen der Grundgesamtheit.

Beobachtungswerte sind die in einer Stichprobe erfassten Daten.

Merkmale nennt man die Eigenschaften der Elemente einer Stichprobe.

Mit Hilfe der Wahrscheinlichkeitsrechnung werden die statistischen Daten für Prognosen benutzt.

Wahrscheinlichkeitsrechnung ist ein Maß für den Grad der Möglichkeit noch unverwirklichter Ereignisse.

Mittelwerte

	Arithmetisches Mittel	Geometrisches Mittel	Harmonisches Mittel
aus zwei Größen	$m_1 = \dfrac{a+b}{2}$	$m_2 = \sqrt{a \cdot b}$	$m_3 = \dfrac{2 \cdot ab}{a+b} \quad a \neq -b$ oder $\dfrac{1}{m_3} = \dfrac{1}{2}\left(\dfrac{1}{a} + \dfrac{1}{b}\right) \quad a \neq -b$
aus n Größen	$m_1 = \dfrac{a_1 + a_2 + a_3 + \ldots + a_n}{n}$	$m_2 = \sqrt[n]{a_1 \cdot a_2 \cdot a_3 \cdot \ldots \cdot a_n}$	$\dfrac{1}{m_3} = \dfrac{1}{n}\left(\dfrac{1}{a_1} + \dfrac{1}{a_2} + \dfrac{1}{a_3} + \ldots + \dfrac{1}{a_n}\right)$

Es gilt stets: $m_1 \geqq m_2 \geqq m_3$

Das **arithmetische Mittel** ist der n-te Teil der Summe der Einzelwerte der Reihe.

Das **geometrische Mittel** ist die n-te Wurzel aus dem Produkt der einzelnen Glieder der Reihe.

Das **harmonische Mittel** ist der reziproke Wert des arithmetischen Mittels der reziproken Reihenwerte.

(*) empirische = erfahrungsgemäß, aus der Beobachtung, dem Experiment entnommen.

Beispiel:

Bestimme die drei Mittelwerte der Zahlen 1, 4, 5, 10.

arithm. Mittel: $m_1 = \dfrac{1+4+5+10}{4} = \dfrac{20}{4} = 5$

geom. Mittel: $m_2 = \sqrt[4]{1 \cdot 4 \cdot 5 \cdot 10} = \sqrt[4]{200} = 3{,}76$

harm. Mittel: $\dfrac{1}{m_3} = \dfrac{1}{4}\left(\dfrac{1}{1} + \dfrac{1}{4} + \dfrac{1}{5} + \dfrac{1}{10}\right) = \dfrac{1}{4}(1 + 0{,}25 + 0{,}2 + 0{,}1) = \dfrac{1}{4} \cdot 1{,}55 = 0{,}3875$

$\Rightarrow m_3 = \dfrac{1}{0{,}3875} = 2{,}58$

Spannweite (Streubreite) und mittlere lineare Abweichung

Die **Spannweite (Streubreite)** w ist die Differenz zwischen dem größten und kleinsten Wert.

$$w = x_{max} - x_{min}$$

Die **mittlere (lineare) Abweichung** d ist der Quotient aus der Summe aller Abweichungen vom arithmetischen Mittel m und der Anzahl n der Werte

$$d = \dfrac{|x_1 - m| + |x_2 - m| + \ldots + |x_n - m|}{n}$$

Beispiel:

Peter hat 7 Versuche, um mit 10 Bausteinen einen Turm zu bauen. Dabei werden folgende Zeiten gemessen:

Versuch	1.	2.	3.	4.	5.	6.	7.
Sekunden	12,8	10,0	15,3	11,9	9,8	12,3	11,2

Berechne a) das arithmetische Mittel, b) die Spannweite, c) die mittlere lineare Abweichung.

a) $m = \dfrac{12{,}8 + 10{,}0 + 15{,}3 + 11{,}9 + 9{,}8 + 12{,}3 + 11{,}2}{7}$ s

$m = \dfrac{83{,}3}{7}$ s

$m = 11{,}9$ s (arithmetisches Mittel)

b) $w = 12{,}8$ s $- 9{,}8$ s
$w = 3{,}0$ s (Spannweite)

c) $d = \dfrac{|12{,}8-11{,}9|+|10-11{,}9|+|15{,}3-11{,}9|+|11{,}9-11{,}9|+|9{,}8-11{,}9|+|12{,}3-11{,}9|+|11{,}2-11{,}9|}{7}$ s

$d = \dfrac{0{,}9 + 1{,}9 + 3{,}4 + 0 + 2{,}1 + 0{,}4 + 0{,}7}{7}$ s

$d = \dfrac{9{,}4}{7}$ s

$d = 1{,}34$ s (mittlere Abweichung)

Zentralwert

Begriff

Der Zentralwert ist ein Mittelwert, der geordnete Beobachtungswerte in zwei Hälften teilt.
Der Zentralwert ist unempfindlich gegenüber „Ausreißern". Ein sehr kleiner oder ein sehr großer Wert beeinflusst den Zentralwert nicht (beim arithmetischen Mittelwert können „Ausreißer" den Wert sehr verändern).

Berechnung des Zentralwertes

Die Werte müssen zuerst geordnet werden.

Anzahl des Beobachtungswerte ist eine ungerade Zahl	Anzahl der Beobachtungswerte ist eine gerade Zahl
Der Zentralwert ist der Wert in der Mitte der Rangliste	Der Zentralwert ist das arithmetische Mittel der beiden mittleren Werte der Rangliste.

Beispiel:
In zehn Gasthäusern $G_1; \ldots ; G_{10}$ einer Stadt werden die Preise für 0,5 Liter Bier verglichen:
G_1 (1,80 €); G_2 (1,90 €); G_3 (1,70 €); G_4 (2,20 €); G_5 (1,80 €);
G_6 (2,40 €); G_7 (2,50 €); G_8 (2,70 €); G_9 (1,90 €); G_{10} (2,30 €).
Bestimme den Zentralwert.

Die Preise werden nach der Größe geordnet

| 1,70 € | 1,80 € | 1,80 € | 1,90 € | $\boxed{1,90\ €}$ |
| $\boxed{2,20\ €}$ | 2,30 € | 2,40 € | 2,50 € | 2,70 € |

Aus den gekennzeichneten Werten wird das arithmetische Mittel errechnet:
$\frac{1}{2}$ (1,90 € + 2,20 €) = 2,05 €
Der Zentralwert ist 2,05 €

Häufigkeit

Absolute Häufigkeit
Die absolute Häufigkeit gibt an, wie oft ein bestimmtes Ereignis bei einem Zufallsversuch (Stichprobe) eintritt.

Relative Häufigkeit
Die relative Häufigkeit gibt an, wie oft ein bestimmtes Ereignis bei einem Zufallsversuch (Stichprobe) im Verhältnis der Gesamtzahl der durchgeführten Versuche eintritt.

$$\text{Relative Häufigkeit} = \frac{\text{Absolute Häufigkeit}}{\text{Anzahl der Versuche}}$$

Beispiel:
Beim Training im Elfmeter-Schießen erzielt der beste Spieler bei insgesamt 20 Schüssen 14 Tore. Berechne die relative Häufigkeit.

$$\text{Relative Häufigkeit} = \frac{\text{Anzahl der Treffer}}{\text{Anzahl der Versuche}}$$
$$= \frac{14}{20} = \frac{7}{10}$$

Wahrscheinlichkeitsrechnung

Die Wahrscheinlichkeitsrechnung untersucht Gesetzmäßigkeiten von zufälligen Ereignissen und Massenerscheinungen.

Ablaufschema einer statistischen Vorgehensweise

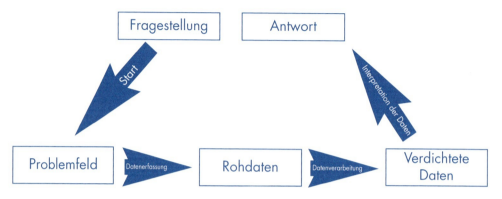

Zufallsversuch und Ergebnismenge

Wenn bei einem Versuch das Ergebnis nicht vorausgesagt werden kann, spricht man von einem Zufallsversuch. Die Ergebnisse können in einem Baumdiagramm dargestellt werden.
Die Menge aller möglichen Ergebnisse nennt man Ergebnismenge.

Beispiel:

Auf einem Tetraeder sind die vier Flächen mit 1, 2, 3, 4 nummeriert. Gib jeweils die Ergebnismenge an und zeichne das Baumdiagramm.
a) Es wird einmal „gewürfelt".
b) Es wird zweimal hintereinander „gewürfelt".

Lösung:

a) E = {1; 2; 3; 4}

b) E = {(1/1); (1/2); (1/3); (1/4); (2/1); (2/2); (2/3); (2/4); (3/1); (3/2); (3/3); (3/4); (4/1); (4/2); (4/3); (4/4)}

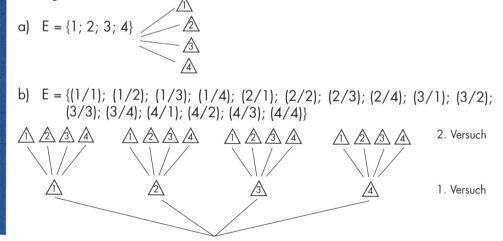

160

Ereignisse

Eigenschaften von Zufallsversuchen nennt man Ereignisse. Ereignisse sind stets Teilmengen von Ergebnismengen oder die Ergebnismenge selbst.

Beispiel:

An der Wand ist ein vergrößertes Lottospielfeld auf einer Korktafel angebracht.
Auf die Tafel wird ein Pfeil geworfen (nur ein Versuch). Gewinner ist derjenige Spieler, der ein Vielfaches der Zahl 9 trifft.

Gib die Ergebnismenge und die Menge für die Eigenschaft „Gewinner" an.

E = {0; 1; 2; 3; . . . . ; 49} Ergebnismenge
   ↖—— wenn das Spielfeld nicht getroffen wird

$E_{Gewinner}$ = {9; 18; 27; 36; 45} Ereignis „Gewinner"

Permutationen

Permutationen sind Zusammenstellungen von n Elementen in allen möglichen Reihenfolgen. Von n verschiedenen Elementen gibt es n! Permutationen.

$n! = 1 \cdot 2 \cdot 3 \cdot \ldots \cdot n$ **n-Fakultät**

Beispiel:
Wie viele Möglichkeiten gibt es, die Zahlen 1, 2, 3 anzuordnen?

Probe:
123 213 312
132 231 321

3! = 1·2·3 = 6   Es gibt 6 Möglichkeiten.

Kombinationen

Eine Zusammenstellung von k Elementen aus n Elementen nennt man eine Kombination k-ter Ordnung (k-ter Klasse).

Man schreibt: $\binom{n}{k}$ sprich: „n über k"

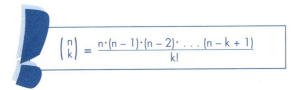

$$\binom{n}{k} = \frac{n \cdot (n-1) \cdot (n-2) \cdot \ldots \cdot (n-k+1)}{k!}$$

Anzahl der Kombinationen von n Elementen zur k-ten Ordnung.

Beispiel:

Wie viele Möglichkeiten gibt es bei einem Tipp-Spiel „5 aus 20"?

$$\frac{20 \cdot 19 \cdot 18 \cdot 17 \cdot 16}{1 \cdot 2 \cdot 3 \cdot 4 \cdot 5} = \frac{1860480}{120} = 15504$$

Es gibt 15504 verschiedene Möglichkeiten.

Wahrscheinlichkeit

Die Wahrscheinlichkeit P (E) wird definiert als:

$$P(E) = \frac{\text{Absolute Häufigkeit der Ereignisse}}{\text{Anzahl der Versuche}}$$

oder

$$P(E) = \frac{\text{Anzahl der günstigsten Ereignisse (Fälle)}}{\text{Anzahl der möglichen Ereignisse (Fälle)}}$$

Es gilt stets: $0 \leq P(E) \leq 1$

P (E) = 1 ⇒ das Eintreffen des Ereignisses ist sicher.
P (E) > $\frac{1}{2}$ ⇒ das Eintreffen des Ereignisses ist wahrscheinlich.
P (E) = $\frac{1}{2}$ ⇒ das Eintreffen des Ereignisses ist zweifelhaft.
P (E) < $\frac{1}{2}$ ⇒ das Eintreffen des Ereignisses ist unwahrscheinlich.
P (E) = 0 ⇒ das Eintreffen des Ereignisses ist unmöglich.

Beispiele:

1a) Wahrscheinlichkeit, mit zwei Würfeln bei einem Versuch die „Augenzahl" 13 zu würfeln ⇒ P (E) = 0

b) Wahrscheinlichkeit, mit einem Würfel eine ungerade Zahl zu würfeln
⇒ P (E) = $\frac{3}{6}$ (3 richtige Zahlen: 1, 3, 5)
(6 mögliche Zahlen: 1 – 6)

P (E) = $\frac{1}{2}$

c) Wahrscheinlichkeit, mit drei Würfeln bei einem Wurf mindestens die „Augenzahl" 3 zu würfeln ⇒ P (E) = 1

2. Von den 372 befragten Grundschülern einer Schule können 240 bereits schwimmen.
   a) Berechne die Wahrscheinlichkeit, dass ein befragtes Kind nicht schwimmen kann.
   b) In der Klasse 4a sind insgesamt 22 Schüler. Wie viele dieser Schüler können wahrscheinlich schwimmen?

Lösung:

a) Nichtschwimmer: 372 − 240 = 132

$$P(E) = \frac{132}{372} = 0{,}355$$

b) Wahrscheinlichkeit, dass ein befragtes Kind schwimmen kann:

$$P(E) = \frac{240}{372} = 0{,}645$$

Diese Wahrscheinlichkeit trifft auch auf die Klasse 4a zu:

$$\frac{x}{22} = 0{,}645 \;/\; \cdot 22$$
$$x = 14{,}19$$

Wahrscheinlich können 14 Schüler der Klasse 4a schwimmen.

Stichwortverzeichnis

A

Abbildung von Geraden . . . . .59 ff
Abbildung von Parabeln . . . . .106 ff
Abklingprozess (Zerfallsprozess,
Abnahmevorgang) 252
absolute Häufigkeit 159
Achsenabschnitt
(Ordinatenabschnitt) 46, 47
Achsenabschnittsform der Geraden 55
Achsenspiegelung 107
achsensymmetrisch 97, 124, 142
Additionsverfahren 70
allgemeine Form der linearen
Funktion .46, 55
allgemeine Form der quadratischen
Funktion 97
allgemeine Form der quadratischen
Gleichung 113
allgemeine Parabel 92
arithmetisches Mittel 156
Asymptoten 64, 65, 124, 127, 142, 145
Aufstellen von Parabelgleichungen 98
Aufzählende Form 37
Ausklammern (Setzen von Klammern) 13
Außenglieder .32

B

Basisumrechnung 133
Baumdiagramm 160
Beizahl (Koeffizient) 70
Beobachtungswert 156
Beschreibende Form 37
Besondere Geraden 53
Besondere Potenzen 110
Binomische Grundformeln 10
Bremsweg 123
Bruchgleichungen . . . . .29 ff
Bruchterm .23 ff
Bruchungleichung . . . . .29 ff
Büschelpunkt .58

C

Cramersche Regel 75

D

Definitionsmenge 24, 30, 38, 97
Dekadischer Logarithmus
(Zehnerlogarithmus) 133
Determinanten 68
Determinantenverfahren 75
Direkte Proportionalität 46
Diskriminante 103, 112
Doppelpunkt und Bruchstrich 31
Doppelungleichung 18

E

Eindeutige Zuordnung 40
Einsetzverfahren 70
Ereignis 161
Ergebnismenge 160
Erweitern 25
Erweiterungsfaktor 26
Exponentenvergleich 136, 137
Exponentialfunktion 142
Exponentialgleichung 136
Extremwertbestimmung 11

F

Faktorisieren .13
Fakultät 161
Fallende Gerade 46
Fallunterscheidung 34
Funktion .40, 154
Funktion der indirekten
Proportionalität . . . . .63 ff

G

Geometrisches Mittel 156
Geordnetes Paar 36
Geradenbüschel 58
Geradenschar .58
Gleichsetzverfahren 69
Graphisches Lösungsverfahren 71

H

Halbebene 76
Harmonisches Mittel 156
Häufigkeit 159
Heron 85
Hyperbel 64, 124

I/J

Indirekte Proportionalität 64
Innenglieder 32

164

I/J

Intervalle 16
Intervallschachtelung 84
Irrationale Zahlen 82
Iterationsverfahren 85

K

Kennzeichen von
Funktionen . . .64, 122, 124, 127, 142, 145
Koeffizient (Beizahl) 70
Kombinationen 161
Komponente 36, 41
Koordinatendiagramm 37, 40
Kubikwurzel .84
Kürzen 25

L

Lineare Funktion . . . . .45 ff
Lineare Gleichungssysteme . . . . .69 ff
Lineare Ungleichungssysteme 76
Lineares Optimieren 79
Linearfaktoren 13, 14, 117
Linearfaktorzerlegung (LFZ) 116
Logarithmus 130
Logarithmusfunktion 144
Logarithmusgleichung 139
Logarithmieren 137
Lösungsformel für quadratische
Gleichungen 112, 113

M

Maximum 12
Minimum 13
Mittelwert (arithmetisches Mittel) 156
mittlere (lineare) Abweichung 157
monoton fallend 64
monoton steigend 64

N

Näherungsweises Berechnen 84
Normalform 115
Normalform der linearen Funktion . . .46, 55
Normalform der quadratischen Funktion . .92
Normalform der quadratischen
Gleichung .112
Normalparabel 92
n-te Wurzeln 84, 85
Nullstelle 24, 49, 55, 102, 115
Numerus 130, 133

O

Öffnungsfaktor 92
Ordinatenabschnitt (Achsenabschnitt) . .46, 47
Orthogonale (senkrechte) Geraden 53

P

Paarmenge (Produktmenge) 36
Parabel . . . . .92 ff
Parabelpassante 105
Parabelsekante 105
Parabeltangente 105
Parallele Geraden 53
Parallelverschiebung von Geraden 59
Parameterverfahren 59, 106, 109
Permanenzprinzip 82
Permutationen 160
Pfeildiagramm 37, 40
Potenzfunktion . . . . .121 ff
Produktgleichung 19
Produktmenge (Paarmenge) 36
Produktungleichung 19
Proportion (Verhältnisgleichung) 31, 32
Punktspiegelung von Geraden 60
Punkt-Steigungsform der
Geradengleichung 52
Punktsymmetrisch 64, 124

Q

Quadratische
Ergänzung 11, 13, 14, 20, 27, 113
Quadratische Funktion . . . . .91 ff
Quadratische Gleichung . . . . .111 ff
Quadratische Ungleichung . . . . .116 ff
Quadratwurzel 82
Quadratzahlen 110
Quotientengleich 46

R

Radikand 82
Randgerade 76, 78
Rationale Zahlen 82
Rationalmachen des Nenners 87
Reelle Zahlen . . . . .81 ff
Reinquadratische Gleichung 112
Relation 37
Relationsvorschrift 37
Relative Häufigkeit 159

S

Sarrusregel 68
Satz von Vieta .115
Scheitel 93
Scheitelform der quadratischen Funktion . . .97
Scheitelkoordinaten 93
Schnittpunkt von Gerade und Parabel 101
Schnittpunkt von Parabel und Parabel 105
Schnittpunkt von zwei Geraden 61
Schnittpunkte mit den Achsen 55
Senkrechte (orthogonale) Geraden 53
Spannweite (Streubreite) 157
Spezielle quadratische Gleichungen 20
Statistik . . . . .155 ff
Statistische Kennwerte 158
steigende Gerade 46
Steigung 46, 48
Steigungsdreieck 47
stetiger Zerfall .148
stetiges Wachstum 148
Stichprobe 156
Streubreite (Spannweite) 157
Subtraktionsverfahren 70, 100
Symmetrie 97
Symmetrieachse 97

T

Tangente 105
Tangentenbedingung 103
teilweises Radizieren 87
Termumformung 87

U

umkehrbar 44
Umkehrfunktion 41, 154
Umkehrrelation .41
Ungleichungssysteme 76
unvollständig gemischtquadratische
Gleichung 112
Ursprungsgerade 53

V

Verhältnisgleichung (Proportion) 31, 32
Verknüpfung „oder" . . . . .16 ff
Verknüpfung „und" . . . . .16 ff
Verschiebung .106
Vieta 115
vollständig gemischtquadratische
Gleichung 112

W

Wachstumsprozesse
(Wachstumsvorgang) . . . . .147 ff
Wachstumsquote 148
Wahrscheinlichkeit 162
Wahrscheinlichkeitsrechnung . . . . .155 ff
Wertemenge 38, 97
Wurzel 82
Wurzelexponent 82
Wurzelfunktion 126
Wurzelgleichungen 118
Wurzeln und Potenzen 89
Wurzelschreibweise 89

Z

Zehnerlogarithmus 33
Zeichnen einer Parabel ohne
Wertetabelle 95
Zeichnen von Geraden . . . . .47 ff
Zentralwert 158
zentrische Streckung 108
Zerfallsprozess 147
Zielgleichung 79
Zufallsversuch .160
Zwei-Punkte-Form der Geradengleichung . .52